高等职业教育畜牧兽医类专业教材

贵州生态鸡养殖与疾病防治

于秋鹏　主编

中国轻工业出版社

图书在版编目（CIP）数据

贵州生态鸡养殖与疾病防治 / 于秋鹏主编. — 北京：中国轻工业出版社，2024.7
ISBN 978-7-5184-4660-5

Ⅰ.①贵… Ⅱ.①于… Ⅲ.①鸡—饲养管理②鸡病—防治 Ⅳ.①S831②S858.31

中国国家版本馆 CIP 数据核字（2024）第 073872 号

责任编辑：贾　磊　　责任终审：许春英
文字编辑：田超男　　责任校对：晋　洁　　封面设计：锋尚设计
策划编辑：贾　磊　　版式设计：砚祥志远　　责任监印：张　可

出版发行：中国轻工业出版社（北京鲁谷东街 5 号，邮编：100040）
印　　刷：三河市国英印务有限公司
经　　销：各地新华书店
版　　次：2024 年 7 月第 1 版第 1 次印刷
开　　本：720×1000　1/16　印张：13
字　　数：235 千字　插页：2
书　　号：ISBN 978-7-5184-4660-5　定价：35.00 元
邮购电话：010-85119873
发行电话：010-85119832　010-85119912
网　　址：http://www.chlip.com.cn
Email：club@chlip.com.cn

201194J2X101ZBW

本书编写人员

主　编

于秋鹏（安顺职业技术学院）

副主编

孙新明（安顺职业技术学院）

参　编

符世雄（安顺职业技术学院）
潘　莹（安顺职业技术学院）
叶　方（安顺职业技术学院）
金　睿（安顺职业技术学院）
陈文江（贵州省镇宁布依族苗族自治县畜牧服务中心）

前　言

贵州省生态养鸡产业是涉及农户多、增收见效快的重要乡村振兴产业。长期以来，贵州省生态养鸡产业存在地方优质品种占比低、经营主体少小弱、品牌建设滞后三大问题。为此，贵州省生态家禽产业发展依托地方优质特色家禽品种，着力培育打造“六大特色产业带”。据统计，2019 年全省 70%的产地生态放养鸡比例达 60%以上，乌蒙乌骨鸡、赤水竹乡鸡、瑶山鸡等地方优质生态肉鸡占比达 35.6%，以绿壳鸡蛋为主的地方特色品种禽蛋产量占 25.8%。2017—2019 年连续三年全省生态家禽产业发展保持稳定增长。2020 年贵州省农村产业革命生态家禽产业发展领导小组印发了《2020 年贵州省生态家禽产业发展工作方案》和《贵州省 2020—2022 年生态家禽产业发展规划》等文件。2020 年全省生态肉禽出栏 1.65 亿羽以上，其中肉鸡 1.4 亿羽以上。面对贵州省生态养鸡产业的高速发展，生态鸡生产基础知识和技能的普及尤为重要。

本书是在总结了近几年生态鸡养殖技术推广经验、科研成果和生产实践经验的基础上编写的，侧重于贵州省林下生态放养鸡养殖。编写过程中编者团队始终坚持理论联系实际的原则；坚持科学性与实用性相结合的原则；坚持标准化与示范性相结合的原则。力求做到内容充实、通俗易懂、科学严谨、实用性和可操作性强，对生态鸡养殖户具有一定的指导性和示范性，对进一步推动贵州省生态家禽产业的发展将起到积极作用。在本书编写过程中，参考了许多专家学者、生态家禽专班成员的科研成果和一些生态鸡标准化养殖场的实际经验，在此向他们一并表示感谢！

本书由于秋鹏主编。内容分为 9 个部分，其中项目一由于秋鹏和孙新明共同编写；项目二由陈文江和叶方共同编写；项目三、项目四由于秋鹏编写；项目五、项目六由符世雄编写；项目七、项目八由于秋鹏编写；项目九由潘莹和金睿共同编写；实操训练由于秋鹏和叶方共同编写。孙新明负责统稿。

衷心希望此书能为生态鸡养殖人员提供帮助和参考。由于编者水平有限，对于书中存在的不妥之处，恳请广大养殖技术人员和专家学者批评指正。

目　录

项目一　贵州省生态家禽养殖概述

[知识目标]

1. 了解我国家禽产业发展现状。
2. 明确贵州省生态鸡养殖存在的问题及发展对策。
3. 掌握贵州生态鸡概念。
4. 明确贵州省发展生态鸡养殖的优势和前景。

[技能目标]

1. 能够指出当前贵州省生态鸡养殖中存在的问题并进行破解。
2. 能够研判自己家乡生态家禽产业发展的优势及前景。

[课程思政目标]

1. 培养学生的“大国三农”情怀，引导学生以强农兴农为己任，“懂农业、爱农村、爱农民”。

2. 增强学生服务农业农村现代化、乡村全面振兴的使命感和责任感，培养知农爱农创新人才。

[必备知识]

一、贵州省家禽养殖概况

（一）我国家禽产业发展现状

家禽产业是我国畜牧业中的传统产业之一，家禽养殖历史悠久。我国家禽产业正从以追求经济效益为主，过渡到追求经济效益和生态效益与社会效益并重的发展模式。2014—2018 年全国家禽存栏量在 60 亿羽左右波动，在 2019—

2020年家禽产能规模大幅提升。资料显示，2022年全国家禽存栏67.7亿羽，山东、广东、河南、广西是家禽出栏大省（区），2022年家禽出栏均在10亿羽以上。

随着我国禽肉、禽蛋等产品需求量的不断增加，我国家禽出栏量也随之逐年递增。资料显示，2022年全国家禽出栏161.4亿羽，比上年增加4.0亿羽，增长2.5%。禽肉是高蛋白低脂肪的食物，是我国居民补充蛋白质的重要来源之一，禽肉已取代牛肉成为世界上第二大消费肉类。资料显示，2022年，全国禽肉产量2443万t，增加63万t，增长2.6%；禽蛋产量3456万t，增加48万t，增长1.4%。未来随着居民肉品消费结构的升级，人们生活水平不断提高，对绿色生态、品质安全、营养健康产品的消费量将不断提升。禽肉、禽蛋消费量还将进一步增加，推动禽肉产量持续增长。

从鸡肉价格情况来看，2021年我国活鸡及白条鸡的价格走势平稳，价格波动幅度不大，其中，2021年12月我国活鸡平均价格为19.85元/kg、白条鸡平均价格为22.01元/kg。鸡蛋价格增长速度也较平稳，资料显示，2021年12月我国鸡蛋平均价格为11.56元/kg。这些均得益于我国庞大的禽类养殖数量和优秀的产蛋禽类养殖技术，我国禽蛋产业发展迅速，禽蛋产量连续多年位居世界第一。

（二）贵州省生态鸡养殖存在的问题及发展对策

1. 存在的问题

贵州省传统的农村养鸡，由于受到地域、人力、财力等条件的限制，只能因地制宜、因陋就简地组织生产，饲养方法较为传统，饲养技术较为落后，主要存在下列一些问题。

（1）品种选育、种源供应有待加强　传统土鸡饲养历史悠久，但长期以来由于品种未经系统的选育提纯，群体内个体之间生产性能很不一致，产蛋率和产肉性能有待进一步提高。又由于大量外来品种被引入国内，杂交乱配现象严重，致使一些优良基因大量流失。因此，市场上鸡品种来源混杂，鸡外貌特征、生产性能参差不齐，不利于规模化饲养。良种繁育技术和管理水平跟不上产业发展的需要。本地优质品种存在种源供应不足问题，主要表现在种禽繁育体系不健全、家禽品种选育时间长、资金投入不足等方面。

（2）标准化生态放养技术需要进一步普及　过去养殖方式主要是在农家庭院零星散养，根本谈不上饲养技术，许多农户利用庭院旧农舍或边角修建鸡舍，人与鸡同院，甚至鸡与猪、狗、猫混养，鸡舍建造也过于简陋，冬季不能保暖，夏季通风不良，环境卫生差，使得传染病发生的概率增加。规模化生态放养由于群体较大，放养场地的饲料状况受到气候变化的影响很大，放养场地和田间棚舍消毒及防疫均比较困难，天敌鼠兽伤害和意外伤亡很多。所以规模化生态放养技术不能简单地沿用传统技术，也不能照搬套用现代配套体系养鸡的饲养管理模式，而是要实行传统散养与现代工艺的有机结合，建立生态放养鸡品种尤其是优质鸡种的繁育、饲养管理、放养场地、鸡养殖场设施、鸡群安全保健、产品安全等生态鸡饲养标准化生产配套技术。

（3）建立和完善标准生产制度　目前地域化饲养、生产、加工很不规范，产品质量参差不齐。虽然有关部门已经制定了一系列地方标准，但地方部门颁布的标准的影响力、宣传及普及程度不够。今后还需进一步建立一系列的技术标准体系，进而实现从田间到餐桌全过程的质量控制，提高产品质量，保障食品安全，保护生态环境，为社会提供无公害食品、绿色食品乃至有机食品。

（4）雏鸡带病风险大，缺乏防疫观念　多数养殖户对引进雏鸡的重要性认识不足，贪图便宜购入劣质雏鸡，不但生长速度慢、死亡率高，而且污染鸡舍。有些养殖户缺乏防疫观念，主要表现在鸡舍不设立消毒设施，从不消毒，导致死亡率高；不重视鸡疫苗的接种或根本不注射，对疫苗毫无了解；平时不预防，防疫观念淡薄，抱侥幸心理，有病时乱用药；不能做到封闭式饲养，养殖户之间互相串门，造成较为严重的交叉感染现象。

（5）饲养管理不当，养鸡效益低　农村养鸡，大多数还是停留在粗放管理阶段，给料不科学，每日给料时间、次数不固定，随意性较大；给料量不能严格把控，饥一顿饱一顿；存在饲料单一的现象，经常是有什么喂什么，尤其是资金不足时，就用粗糠烂菜叶来应付；有些甚至还用猪饲料来代替，不仅影响鸡群的生长发育，还造成饲料资源的极大浪费。

2. *发展对策*

当前家禽业养殖模式正从副业向专业化养殖转变，由小农生产向商品化生产转变，由传统农户散养向规模化、集约化、工厂化饲养转变，随着转变的不断深入，需对家禽业发展的方向和方式进行思考与探索。因此，贵州省专门成立家禽养殖工作专班，加强行业政策资源统筹安排，重点发展生态家禽产业，研究和探讨生态鸡养殖技术标准及疫病防治技术规程，确定生态鸡标准化的养殖模式。

（1）破除传统养鸡观念　过去传统的、粗放的、设施简陋的养殖方法，已经不能适应农村现代化发展的目标要求，因此，必须更新思想、转变观念，在贵州省范围内形成生态养殖观念，充分利用生态自然优势，采取放养方式，延长养殖周期，提高禽（蛋）品质，让养鸡业成为农民致富的重要产业之一。

（2）大力推行标准化生产　推行标准化生产，在场址选择、布局、栏舍建设、生产设施配备、良种选择、饲料和药品使用、卫生防疫、粪便无害化处理等方面，严格执行法律、法规和相关标准的规定。关于家禽生态养殖方式目前尚无统一、科学的养殖技术规范、产品品质评价鉴定标准。因此规范标准，尤其是以地方特色品种为重点制定和完善一批生态鸡生产技术规程、产品质量标准、企业生产技术规程、生态放养等标准，加快制定和完善生态鸡标准体系，推行标准化生产势在必行。

（3）严格执行卫生防疫制度　目前，很多养鸡户仅重视疾病的防治，而忽视鸡养殖场生物安全，不重视鸡养殖场的消毒和防疫，对传染病流行的三个环节（传染源、传播途径、易感动物）不能综合考虑，忽视传染源和传播途径，导致禽流感等重大疫情时有发生，对养鸡产业造成极大影响。由于传播机理不明，防控形势严峻，防控难度加大。因此，必须转变观念，建立严格的防疫制度，树立“养重于防、防重于治、养防结合”的防疫观念。落实重大疫病强制免疫政策，积极开展动物疫病净化创建场与示范场建设。

二、贵州省发展生态鸡养殖的优势与前景

（一）贵州省发展生态鸡的优势

1. 贵州生态鸡概念

贵州生态鸡是指在贵州省行政区域内，在贵州省特殊的气候资源、地貌环境下，采用生态放养技术，饲养周期在120d以上，其中放养在无污染的林地、果园、农田等生态自然环境中90d以上的贵州地方鸡品种及外来品种。

2. 贵州省发展生态鸡养殖的优势

（1）贵州省生态鸡养殖的生态优势　贵州省气候温和多样，冬无严寒、夏无酷暑、雨热同季，空气清新、水土干净，全省现有林地面积1.32亿亩（1亩=666.67m^2），天然草地面积2402万亩，人工种草保留面积820万亩，茶园面积628.33万亩，果园面积593万亩，按照林地、草地、果园生态放养50只/亩，茶园18~22只/亩计，家禽养殖生态空间和发展潜力较大。同时，生物多样性赋予全省良好的家禽饲料作物资源，可用作饲料的天然草地维管植物多达1410种，可充分利用山地、林地资源，构建动物防御天然屏障。

（2）贵州省生态鸡养殖的政策优势　贵州省委办公厅、省人民政府办公厅印发《贵州省绿色农产品“泉涌”工程工作方案（2017—2020年）》，生态鸡被列为全省“泉涌”发展的重点绿色农产品之一，进一步奠定生态鸡产业发展的主基调。

贵州生态鸡发展的总体要求：立足生态环境和资源优势，强化政策扶持与科技支撑，优化产业布局，发挥特色优势，突出发展重点，实施品牌引领，推进全产业链协调发展，构建完善生态鸡产业体系、生产体系和经营体系，促进生产规模化、质量标准化、产品品牌化、营销网络化发展，实现产业兴、百姓

富与生态美的有机统一，为全面实施乡村振兴战略奠定坚实基础。

（3）贵州省生态家禽养殖的品种优势　贵州省家禽品种资源丰富，特色鲜明，品质优良。全省共有地方优质家禽品种 13 个。其中，鸡品种有赤水竹乡鸡（属肉蛋兼用型鸡种）、长顺绿壳蛋鸡（属肉蛋兼用型鸡种）、瑶山鸡（属肉蛋兼用型鸡种）、乌蒙乌骨鸡（属肉蛋兼用型鸡种）、威宁鸡（属肉蛋兼用型鸡种）、黔东南小香鸡（属小型肉用型鸡种）、矮脚鸡（属肉蛋兼用型鸡种）、高脚鸡（属肉用型鸡种）。鸭品种有三穗麻鸭、兴义鸭、中国番鸭。鹅品种有平坝灰鹅、织金白鹅。而针对贵州生态鸡而言，贵州省养殖量较大，目前还未进行品种资源认定的有黔西县黔画乌鸡、六盘水乌蒙凤鸡、纳雍土鸡等。引进品种主要有绿头野鸭、良凤花鸡、青脚麻鸡、882 黄鸡等，品种资源极其丰富，具有发展产业的优势。

（4）贵州省生态鸡养殖的产业优势　贵州生态家禽产业作为贵州省乡村振兴“五大产业”之一，具有“短、平、快”的优势，贵州具有“全域养鸡，全民吃鸡”的良好群众基础和消费习惯，为贵州省生态鸡产业发展创造了极为有利条件。

近年来，受劳动力、土地、环境等资源约束，东部沿海地区畜牧养殖业结构调整和产业转移加速，贵州省要充分利用独特的生态优势、资源优势及生产要素成本相对较低等优势做好产业转移承接，加速生态鸡产业发展。

（5）交通区位优势　近年来，国家加大了对贵州省的扶持力度。基础设施尤其是交通运输网建设加快，G60 沪昆高速、G76 夏蓉高速、G56 杭瑞高速以及贵广高铁、沪昆高铁、渝黔快铁等的通车，极大缩短了贵州连通南北、贯穿东西的距离，省内“县县通高速”则促进了各区域“一小时经济圈”的形成，贵州已成为西南交通枢纽。全国畜牧业发展的“东退西进”步伐正在加快，未来贵州将在绿色优质畜禽产品生产和交易上扮演更重要的角色。

（二）贵州省生态鸡养殖的发展前景

（1）优质生态产品市场消费的现实需求　随着社会物质文化生活水平的不断提高，人们对食品安全的关注与需求越来越多，对食品品质的要求越来越高。笼养鸡产品的药物残留难以控制，疾病威胁严重，污染和破坏环境等问题日益突出。回归田野放养形式的规模化生态鸡养殖模式，因其产品质量优秀、风味好、符合生态保护的要求，越来越受到广大消费者的青睐和社会的肯定。

（2）欧盟规定 2012 年后，产蛋鸡禁止笼养，提倡蛋鸡散养，传达了世界养鸡业重视产品质量、生态环境和动物福利的新信息。

（3）开拓挖掘高端市场　生态放养与集约化笼养两种养殖方式虽有不同，但不是对立的，而是相辅相成的，两种养殖方式瞄准了不同的消费群体，满足鸡蛋、鸡肉消费市场多样化需求。在沿海城市，对绿色优质的鸡蛋、鸡肉消费需求日益增长，高端市场开拓具有挖掘潜力。生态放养鸡养殖模式在改善质量、发展优质高端鸡产品上是独树一帜的，是养鸡业一个新的增长点和突破口，肯定会成为一个有利于农业增产、农民增收、繁荣农村经济的大产业。

（4）畜牧业供给侧结构性改革的必然要求　发展重点产业是推进畜牧业供给侧结构性改革的重要内容，产业结构不合理，产业链条延伸不够等突出问题倒逼农业供给侧结构性改革，迫切需要推动农业调结构、上规模、创品牌，提高畜牧业占农业的比重，做大做强特色优势产业，以供给侧结构性改革推动农业转型升级。

项目二　生态鸡养殖场建设及设备

［知识目标］

1. 掌握生态鸡养殖场的选址基本要求、合理布局、鸡舍建造的基本知识。
2. 熟悉生态放养鸡林地类型选择条件。
3. 熟悉生态鸡养殖设施设备的种类、规格。

［技能目标］

1. 能够根据生产实际合理选择合适的场址。
2. 能够合理规划设计养鸡场。
3. 能够正确选择适宜生产的设施设备。

［课程思政目标］

1. 通过对生态鸡养殖场选择、合理布局及鸡舍建造的学习，培养学生职业生涯规划意识、精益求精的工匠精神，使学生具备正确的价值观和职业发展观。

2. 培养学生熟悉本专业相关的法律法规，使学生具有社会责任感，能够做到自觉履行职业道德准则和行为规范，具备良好的职业道德素养。

3. 培养学生绿色生态养殖的理念，树立和践行“绿水青山就是金山银山”的理念，培养学生的生态意识、环保意识。

［必备知识］

一、生态鸡养殖场场址选择

生态鸡养殖场选址要符合《中华人民共和国畜牧法》《中华人民共和国动物防疫法》《动物防疫条件审查办法》。按照建场的原则和要求，根据生产目标，既要满足卫生防疫要求，也要充分利用自然地形地物，如利用原有林带树木、山岭等作为天然屏障，并设围墙与外界隔离；放养鸡可重点利用果园、疏林草地、灌木丛林、草山草坡。充分利用自身具备的自然条件，实行生态养殖。符合无公害生产或绿色生产原则、生态和可持续发展原则、经济性原则和可防疫性原则。具体应考虑以下几个方面。

（一）生态鸡养殖场防疫要求

生态鸡养殖场的土壤土质、水源水质、空气、周围建筑等环境应符合无公害生产标准。养殖场要宽阔、面积较大，且地势平坦，有天然屏障，便于管理、预防疫病的传播和避敌避雨。要有长远规划，做到可持续发展。养殖场选址时应满足如下防疫条件：

（1）距离生活饮用水源地 500m 以上；

（2）距离动物屠宰加工场所 500m 以上；

（3）距离动物及动物产品集贸市场 500m 以上；

（4）距离动物诊疗场所 200m 以上；

（5）距离种畜禽场 1000m 以上；

（6）动物养殖场（养殖小区）之间距离不少于 500m；

（7）距离动物隔离场所、无害化处理场所 3000m 以上；

（8）距离城镇居民区、文化教育科研等人口密集区 500m 以上；

（9）距离公路、铁路等主要交通干线 500m 以上。

（二）新建养殖场应具备的条件

1. 土壤土质

新建养殖场应选择沙壤土，透气、透水性好，吸湿性好、抗压性强。谨防雨后场地积水而造成泥泞，给鸡体健康造成威胁。

2. 水源水质

一般每只成年鸡每天的饮水量平均为 300mL；缺水对蛋鸡生产影响最大，缺水 1d 就会使产蛋迅速下降，恢复供水 3 周以后，才能使产蛋恢复，缺水 3d 会使产蛋永久性下降且不可恢复。在气候温和的季节里，鸡的饮水量通常为采食饲料量的 2~3 倍，寒冷季节约为采食饲料量的 1.5 倍，炎热季节饮水量显著增加，可达采食饲料量的 4~6 倍。因此，养殖场附近必须要有可靠、充足的水源，能够满足养殖场生产和生活用水，并应考虑防火和未来发展需要。水质应符合饮用水标准，水源应便于防护，以保证水源水质处于良好状态；取水方便，设备投资少，处理简单易行。

3. 电源充足稳定

鸡养殖场电源主要用于照明、供水、供温、通风、换气等需求。养殖场需电源充足，电压稳定，能满足生产生活需要；必要时准备一台发电机，以防突然停电。

4. 场地优势

鸡养殖场应地面开阔、地势高燥、向阳背风、缓坡、便于排污、采光充足、交通便利、环境安静、通信畅通。场地要有利于农林牧渔综合利用，也要考虑今后发展扩大的可能性，不应占用基本农田，尽量利用普通耕地、荒山荒坡、残次林地等建场。放养鸡要有足够的可食野生饲料资源，如昆虫、饲草、野菜、腐殖质等。生态放养鸡养殖场要选择具有一定遮阴条件的草地、林带、果园等及其他适宜环境。

5. 不适宜建场的地区

（1）禁止在生活饮用水源保护区、风景名胜区、自然保护区的核心区及城镇居民区（包括文教科研区、医疗区、商业区、工业区、游览区等人口集中地区）新建养殖场。

（2）禁止在县级以上人民政府依法划定的禁养区域及国家或地方法律、法规规定需特殊保护的其他区域新建养殖场。

（3）在山谷洼地容易受到洪涝灾害威胁的地段，自然环境污染严重的地区，退化的草场、草山、草坡等均不适宜建场。

（三）生态放养鸡林地类型选择条件

（1）天然林地、果园、茶园、草地、生态园均为适合生态养鸡的环境（图 2-1、图 2-2），放养场地选择的先后顺序：果园（平原和山地）→林地→农田（棉花、玉米等，小麦、谷子等低矮易落粒作物不宜放养）→人工草地→天然草场，要优先选择林下作放养场。

（2）林地选择以密度适中、通风良好的高大落叶乔木为佳，成林成片最好。冠层高 4~5m 及以上、林分郁闭度为 0.5~0.6，透光和通气性能好，林地杂草、昆虫较丰富。若林分郁闭度大于 0.8 或小于 0.3，树林枝叶过于茂密或稀疏，都不宜鸡苗的生长；林地最好能见阳光，否则夏季太潮湿，容易诱发肠道疾病。

（3）林地山坡要缓，坡度不宜超过 30°，坡度太大不利于进行鸡群管理，不适宜放养；林地土质以沙壤土为最佳。若在平地放养，则应选择地势高燥、平坦开阔、排水良好、环境安静、杂草和昆虫较丰富的地方，鸡能自由觅食、活动、休息和晒太阳。避免在低洼潮湿及排水不好的地方养鸡，防止地面潮湿污浊，导致鸡只发生消化道疾病和体内外寄生虫病。

（4）林地面积至少 30 亩（$2hm^2$）以上，100 亩左右为宜。山地放养区应注意地质构造情况，避开滑坡和塌方的地段，也应避开坡底、谷口地及风口，以免受到山洪和暴雨的袭击。地形不宜选择狭长、角多的林地，以正方形、圆形为最好。

（5）适宜养殖的园地有竹园、果园、茶园、桑园等。园地要求地势平坦干燥、避风向阳，环境安静，易防敌害和传染病。树龄以 3~5 年为佳。取水方便、树冠较小、树木稀疏、无污染和无兽害的场地。在果园放养土鸡，一定要避开农药用药期，或选择不用、少用农药的果园。

图 2-1　果园放养

图 2-2　草山草坡放养

二、生态鸡养殖场建造布局设置

（一）生态鸡养殖场建设规划布局

鸡养殖场布局应符合畜牧场建设基本要求，满足当前生产需要，满足卫生防疫条件。场地应严格分为职工生活区、管理区、生产区、隔离区和粪污处理区。各区互相隔离，功能分区明确，布局合理，既有利于生产，又有利于防疫。职工生活区、管理区设在生产区的上风或侧风方向，主要建设生活用房、办公用房，并靠近场区入口处；生产区设置各类鸡舍；隔离区和粪污处理区在养殖区的下风方向和场区地势最低处，设置粪污、病死尸体及其他产品无害化处理设施。具体如图 2-3 所示。

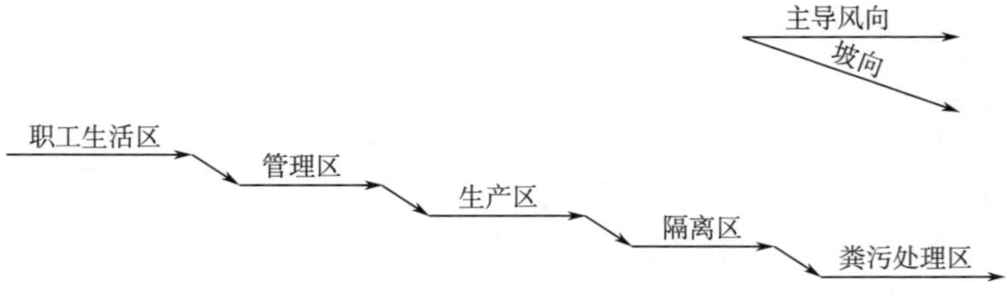

图 2-3　鸡养殖场布局示意图

1. 生活区

生活区主要为职工食宿和福利活动区，应在鸡养殖场上风处和地势较高地段，应与生产区保持100m以上距离，以保证生活区良好的卫生环境。

2. 管理区

管理区主要进行经营管理活动，场外运输的车辆和外来人员只能在此区活动。该区与外界联系频繁，应在其大门处设立消毒池、门卫室和消毒更衣室等。除饲料库外，车库和其他仓库也应设在管理区。

3. 生产区

生产区是鸡养殖场的核心，主要布局鸡舍、集蛋库。外来车辆人员及本场管理区人员不得进入生产区。生产区门口设立门卫传达室、消毒室、更衣室和车辆消毒池。针对放养鸡，生产区应按照规模大小、饲养批次不同分成几个小区，区与区之间要相隔一定距离。生产区主要包括育雏区和放养区，依次建有饲料仓库、蛋库、雏鸡舍、放养鸡舍。放养鸡舍的舍距按照放养鸡的活动半径设计，一般不低于180m。

4. 粪污处理区

粪污处理区设在全场的下风向和地势最低处，且与其他两区的间距不小于50m。该区布局病、死鸡处理房舍和设施、粪便污水处理及储存设施等，储粪场的设置应考虑鸡粪既便于由鸡舍运出，又便于运到场外。

5. 隔离区

隔离区设置在全场的下风向，紧邻粪污处理区。该区应尽可能与外界隔绝，且其四周应有天然的或人工的隔离屏障，设单独的通路与出入口。病鸡隔离舍及处理病、死鸡的尸坑或焚尸炉等设施，应距生产区300~500m。

6. 场内道路规划

鸡养殖场道路布局合理，场内道路应分为清洁道和脏污道。清洁道用于鸡只、饲料、饲养和清洁设备等的运输。脏污道用于鸡粪、死鸡和脏物等的运输。饲料、粪便、产品、供水以及其他物品的运输尽量呈直线往返，减少拐弯。

（二）生态鸡养殖场建筑要求

生态鸡养殖场的建筑，要根据投资的大小来修建不同的形式。资金充裕可修建标准化程度高的鸡舍，资金不足的也可以利用废弃的房屋改建成鸡舍。如果是山坡放养方式，鸡舍的位置应靠近放养区的山坡。

1. 规模化鸡舍建筑要求

（1）鸡舍顶、墙　要求保温隔热、防雨雪、防鼠害、防鸟。屋顶形式多为双坡式。顶高4.5m，墙体高3m。屋顶和墙体材质建议采用塑钢瓦、彩钢夹复合芯板等轻质隔热保温材料。墙体内表面平整，应耐酸碱以便于消毒药液清洗消毒。外墙合理设置门窗（有窗鸡舍）及通风口。

（2）鸡舍地面　应坚实、致密、平坦、防滑，有利于消毒和排污，不渗水，不返潮，具有一定保温特性，一般多采用混凝土地面。

（3）门窗　门一般设在鸡舍南面，一般单扇门高 2m，宽 1m，双扇门高 2m，宽 1.6m 左右。窗户多采用方形窗，南北墙窗户设置比例为（1~2）：1。

（4）排水沟　鸡舍内地面两侧应设宽 30cm、带漏缝地板的排水沟，排水管道通往舍外污水排放系统。

（5）鸡舍跨度、长度和高度　鸡舍跨度视鸡舍内鸡笼列数和饲养方式而定，一般笼养蛋鸡呈双列或三列排列时，鸡舍跨度 8~12m；鸡舍长度一般取决于鸡笼层数、列数和饲养量，如采用 3 层鸡笼、双侧排列、饲养量 5000 羽的情况下，鸡舍一般长 60m 左右。

2. 生态放养鸡舍建筑要求

生态放养鸡舍整体结构可采用木结构或钢架结构，以移动式拼装鸡舍为宜，遵循就地取材原则，满足牢固、遮风挡雨、防寒保暖、采光、通风的要求，周边排水畅通，有利于粪便清除。

（1）顶面　可选用隔热性能好的塑钢瓦或岩棉彩钢夹芯板，建成双坡顶。

（2）四周墙板尽量选用防潮和隔热性能好的材料，要求光滑，便于清洁和消毒，耐磨损、耐酸碱；墙板上设置适宜通风口，以利于通风换气。

（3）在离地面高 50~60cm 处铺设铁丝网、塑料网、竹板网或木条网等。一是利于清洁消毒；二是鸡群生活在网上，鸡粪通过网孔漏下，减少鸡与鸡粪接触，也有利于鸡粪的清理；三是减少土壤潮气对鸡的影响。

（4）生态放养场地四周需用围栏、尼龙网或铁丝网等隔开，网高不低于 1.8m。

（三）鸡舍建筑设计

1. 鸡舍类型

规模化养殖鸡舍有封闭式鸡舍和开放式鸡舍两种类型。生态放养鸡舍有普通型鸡舍、简易鸡舍和移动式鸡舍三种。

（1）开放式鸡舍　规模化肉鸡舍为开放式鸡舍（图 2-4）。开放式鸡舍受自然环境的影响，空气流通靠自然通风，光照是自然光照加人工补充光照。开放式鸡舍主要两种形式：一是有窗鸡舍，根据天气变化开闭窗户，调节空气流通量，控制鸡舍温度；二是卷帘简易鸡舍，用卷帘布做维护墙，靠卷起和放下卷帘布调节鸡舍内的温度和通风。开放式鸡舍的优点是造价低，节省能源。缺点是受外界环境的影响大，尤其对光照的影响最大。有放养条件的通常在鸡舍的南北两侧或南面一侧设置运动场，白天鸡在运动场自由运动，晚上在舍内进行休息和采食。

图 2-4　开放式鸡舍

（2）封闭式鸡合　规模化蛋鸡舍主要为封闭式鸡舍（图 2-5）。封闭式鸡舍的通风完全靠风机进行，鸡舍内的采光是根据需要人工加光，舍内温度靠加热升温或通风降温。由于封闭式鸡舍内的环境条件能够人为控制，受外界环境的影响小，可以使鸡舍的内部条件尽量维持在接近鸡的最适需要的水平，能够满足鸡的最佳生长需要，减少应激，能够充分发挥鸡的生产性能。缺点是投资大，耗能多。

图 2-5　封闭式鸡舍

（3）生态放养鸡舍　为了提供生态放养鸡傍晚补料、防风避雨、夜间休息、避敌避害的场所，同时便于管理，需要给生态放养鸡提供鸡舍（图2-6）。放养鸡的鸡舍类型一般分为普通型鸡舍、简易鸡舍和移动式鸡舍。普通型鸡舍常用于育雏、放养鸡越冬或产蛋；简易鸡舍一般用于放养青年鸡；移动式鸡舍主要用于青年期的划区轮牧。无论是在农田、果园还是林下放养生态鸡，棚舍作为放养鸡休息、躲避风雨和保温场所，除了具有背风向阳、地势高燥的特点外，还要求整体符合放养鸡的生活特点，并能适应野外放养条件。

图2-6　生态放养鸡舍

①普通型鸡舍：普通型鸡舍主要用于生长鸡和产蛋鸡，用于夜间休息、躲避风雨、避暑防热等。总体要求保温防暑及通风性良好，便于冲洗、排水和消毒防疫。鸡舍前有活动场所。鸡舍高2.2～2.5m，宽4.0～6.0m，长10.0～12.0m。产蛋鸡舍要求环境安静，一般每一个普通鸡舍能容纳300～500羽的产蛋鸡或500羽青年鸡。

②简易鸡舍：主要是为放养鸡提供遮风挡雨和夜间休息的地方。简易鸡舍的建筑方法和结构形式不尽相同，棚舍材料可用砖瓦、竹竿、木棒、角铁、钢管、油毡、石棉瓦、彩钢瓦、帆布、尼龙布、塑料薄膜等搭建。要求鸡舍能保温、挡风、不漏雨、不积水；简易鸡舍一般高2.0～2.2m，宽3.0～5.0m，长8.0～10.0m，一般每一个鸡舍能容纳200～300羽青年鸡或200羽产蛋鸡。简易

鸡舍的优点是投资少、见效快、设备简单、容易建造、拆装方便、不破坏耕地、节约能源，适合小规模和短平快放养鸡的养殖。

③移动式鸡舍：移动式鸡舍非常适合放养场地喷洒了农药或划区轮牧的林地、果园、草场等场所，材料多以钢架以及铁丝网结构为主，周围用塑料薄膜、尼龙布等材料，值得注意的是应留有透气孔。架子要求坚实稳固，可以用人工挪动到地势平坦的地方。可以充分利用自然资源，便于管理。移动式鸡舍一般要求高1.0~1.5m，宽2.0~2.5m，长3.0~5.0m。每一个移动式鸡舍可容纳200~500羽青年鸡。移动式鸡舍可以充分利用自然资源，划区轮牧，保护植被，避免农药中毒，提高生态放养鸡的效益。

2. 鸡舍朝向

为减少夏季高温对鸡舍温度的影响，应加大夏季通风量，而冬季要有利于保温防寒，因此，鸡舍朝向应为坐北朝南或稍偏东南或西南。

3. 鸡舍间距设计

为保证鸡舍通风、采光和防疫要求，封闭式鸡舍间距不能低于鸡舍椽高的3倍，开放式肉鸡舍间距不能低于鸡舍椽高的5倍。

4. 养殖场饲养密度

养殖场饲养密度依鸡种类型及饲养方式不同而有所差异。鸡舍养殖密度：蛋鸡15~20羽/m^2；肉鸡每舍面积以8~10m^2为宜，饲养量8~10羽/m^2，每栋饲养量不超过100羽；生态放养场50~60羽/亩，为便于管理，每个围网内放养鸡只数不超过5000羽。

三、生态鸡养殖场的设施设备

（一）规模化蛋鸡养殖场设施设备

1. 蛋鸡笼养设备

鸡笼是鸡养殖场饲养的主要设备，根据养鸡过程、鸡的种类以及鸡笼格局而不同。鸡笼主要包括育雏、育成、产蛋鸡笼。蛋鸡笼养应配备合适的给料、给水与除粪设备。

（1）育雏鸡笼　用于6周龄前雏鸡的饲养，多采用4层结构的电热育雏笼，由笼架、笼体、食槽、水槽以及承粪板组成。

（2）育成鸡笼　用于7~20周龄鸡的饲养，一般采用立体层叠式或“A”阶梯式，具有操作简便、坚固耐用、通风采光好、经济效益好等优点。

（3）产蛋鸡笼　用于产蛋期鸡的饲养，鸡笼有一定的坡度和弹性，便于产出的蛋能自动滚到笼外蛋槽内。

2. 饲料加工设备

自己加工饲料的鸡养殖场，应根据饲养规模购置原料粉碎机、饲料搅拌机、成品料包装等设备。

3. 喂料设备

笼养蛋鸡舍主要采用自动喂料系统（图2-7）或人工将饲料投放于配套料槽中（图2-8）。要求设备平整光滑，采食方便，不浪费饲料，便于清洗和消毒。

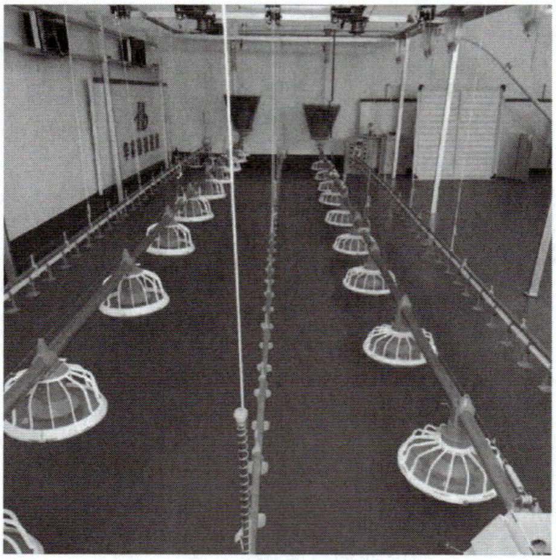

图2-7 自动喂料系统

图2-8 喂料盘

4. 通风降温设备

鸡粪产生大量的有害气体，降低鸡群免疫力，增加鸡群患病概率，因此，生产中要采取措施保持舍内良好的空气质量。

（1）通风设备　封闭式鸡舍采用纵向通风，通风换气方法一是通过开启窗户自然通风，二是利用轴流式排风机强制排出舍内污浊气体。每栋鸡舍所需风机的数量可根据饲养规模大小、鸡夏季通风参数、风机风量等计算。如饲养4000～5000羽的蛋鸡舍，应安装风量为32000m^3/h的风机3台，安装于墙上。风机宜使用大口径低速风机（风扇直径900～1200mm）（图2-9）。

图2-9 风机

（2）降温设备　有条件的养殖场可配

备自动降温系统，未配备自动降温系统的，可采用高压水枪喷淋鸡舍屋面的方式达到降温目的。常用自动降温系统有以下几种。

①喷雾降温系统：由喷头、水泵、水箱、过滤器、管路和控制装置组成。安装于鸡舍上部，将水呈雾状喷出，利用水吸收空气中热量而达到鸡舍降温的作用。

②湿帘-通风降温设施：湿帘-通风降温设施由湿帘、循环水系统、风机、恒温控制装置组成（图 2-10），主要用于封闭式鸡舍。湿帘的面积大小应根据鸡舍最大通风量，计算出该鸡舍安装湿帘的最小需要面积。如饲养 4000～5000 羽的蛋鸡，应在鸡舍风机的对侧安装湿帘 3 块（长 3m，宽 1.5m）。

图 2-10　湿帘

5. 光照设备

光照设备包括灯具及其控制设备。宜采用节能灯具。

6. 育雏舍的供暖设备

在饲养中结合实际进行选择供暖设备。可采用热源供暖设备、水暖设备、火炉供暖设备及热风炉供暖设备。

（1）红外线灯　利用红外线散发的热量供暖育雏。常将 250W 的红外线灯悬挂于离地面 40～60cm 的高度，在室温 25℃ 时可给 110 只雏鸡供温；20℃ 时可给 90 只雏鸡保温（图 2-11）。最好利用乳头式饮水器，因为水点溅到灯上会有爆裂风险。

图 2-11　红外线灯

（2）煤炉　煤炉大小与数量根据育雏室面积情况而定，保温良好的雏舍每 15～20m^2 设置一个火炉，用煤块或煤球。优点是简单易行、投资少、省燃料；缺点是费人力、使用麻烦、空气质量差。注意适当通风，避免煤气中毒。适用于专业户、小规模鸡养殖场育雏。

(3) 电热伞　适用于地面育雏、网上平养的常用供暖设备。伞的形状多样化，有方形、多角形和圆形等。冬季时一台电热伞能使 10~15m^2 的房间温度达到 35℃以上，其他季节能使 20~25m^2 的空间达到 35℃以上。配合煤炉或热风炉使用，能有效解决煤炉、热风炉温度控制不好、加温不均匀的难题。

(4) 热风炉　由热风机、送风机、电控箱、有孔风管等组成（图 2-12）。目前大型鸡养殖场普遍采用的供暖设备，推荐使用。

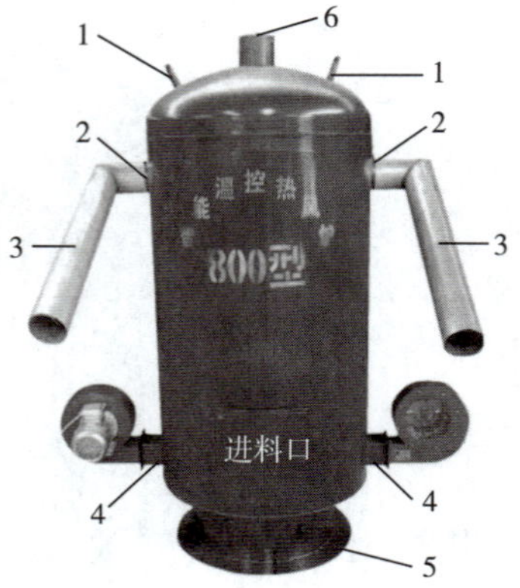

1—排气孔；2—出风口；3—配套弯管；4—进风口；5—出渣口；6—烟囱。

图 2-12　热风炉

7. 清洗消毒设备

场区入口处设置消毒通道，鸡舍门口有消毒池。常用的清洁消毒设施有以下几种。

(1) 高压清洗机　鸡群转出后，用高压清洗机彻底冲洗鸡笼、网面、地面、粪污沟等处的污物，对鸡舍进行全面清洁，待鸡舍稍干燥后进行消毒。

(2) 消毒池　每栋鸡舍门口设消毒池并铺消毒垫，供进入鸡舍的人员消毒。消毒池内选用 2%~5%漂白粉溶液或 2%~4%氢氧化钠溶液，且每 3~5d 更换一次消毒液。氢氧化钠溶液对皮肤和器官有灼伤作用，消毒人员要注意自我防护，以免灼伤皮肤。

(3) 喷雾消毒器　定期用消毒液对鸡舍进行喷雾消毒。有背负式手动喷雾器、高压机动喷雾器。

8. 清粪设备

笼养鸡舍主要利用刮板清粪机、传送带清粪机进行清粪。

(1) 刮板清粪机　主要由电动机、刮粪器、钢丝绳、控制电器等部分组成，该机适合笼养蛋鸡，目前鸡养殖场普遍采用。具有结构简单，安装、调试和日常维修方便，噪声小，清粪效果好等优点。

(2) 传送带清粪机　主要由电机、滚筒、刮板和传送带组成。常用于层叠式鸡笼的清粪，每层鸡笼下面安装一条传送带，鸡粪直接排至传送带上，由电机将鸡粪输送到鸡舍末端，再由刮板将鸡粪刮到末端集粪沟内。

9. 供电设备

供电设备包括配电房及发电房，根据实际用电量配备发电机组。

10. 场内排污设施

场内排污设施主要包括地下排水管道和污水处理设备。

11. 辅助设施

辅助设施包括专业商品蛋、种蛋储存库，门卫室，更衣消毒室，兽医化验室，解剖室，储粪场所及鸡粪无害化处理设施，病死鸡焚烧炉等。

（二）规模化肉鸡养殖场设施设备

1. 垫料

肉鸡平养需在地面铺设厚 5～6cm 的垫料（铡短的秸秆、稻草等）。养殖过程中根据垫料的污浊程度，及时增铺新垫料 3cm 左右，注意防止垫料潮湿。每批肉鸡出栏后，应将垫料彻底清除更新，并对地面进行彻底清洁消毒。

2. 栖架

为满足鸡登高栖息的习性需要，减少鸡在舍内与粪污接触的机会，可在舍内设梯形栖架，两排栖架之间留 1～1.2m 通道。

3. 饮水设备

每 50 羽鸡配置 2 个中型饮水器或配置 2 个吊塔式自动饮水器。放养场饮水设备尽量安在树荫处，并保证及时清理水管内的污物，保持饮水清洁卫生。

4. 料桶

每 50 羽鸡配备 2 个料桶，料桶大小根据日龄调整。

5. 灯具

每 $10m^2$ 安装一个 5W 的暖光节能灯。

（三）生态放养鸡舍设施设备

1. 喂料设备

因鸡的大小、饲养方式不同选择不同的喂料设备。原则上要求喂料设备平整光滑，采食方便，不浪费饲料，便于清洗和消毒。一般多采用料桶，每 50 羽鸡配置 1 个 6kg 的料桶。

2. 饮水设备

放养鸡由于活动面积相对较大，夏季天气炎热，又经常采食一些高黏度大虫体蛋白质，造成放养鸡饮水量较多。因此，对于饮水设备要求既要供应充足、清洁的饮水，又要尽可能节约人力，同时还要与棚舍整体布局形成有机结合。一般每 50 羽鸡配置 1 个 10kg 的饮水器或普拉松全自动饮水设备（见图 2-13 和图 2-14）。

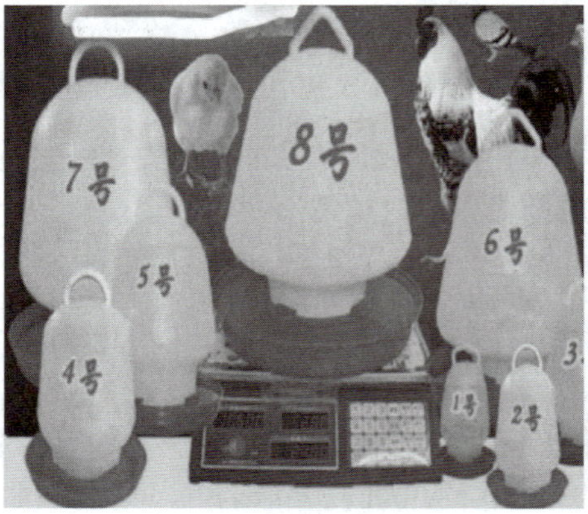

图 2-13　普拉松全自动饮水设备

图 2-14　饮水器

3. 光照设备

每 $10m^2$ 安装一个 5W 的暖光节能灯。

4. 林下养鸡需配备防火设施设备

（1）隔离带　养殖场周围设立 10~60m 隔离带。森林防火隔离带的宽度设置范围通常是 40~60m，草坡防火隔离带的宽度设置范围通常是 10m，而乔灌木林地防火隔离带的宽度设置范围通常是 60m，具体根据林地实际情况而定。

（2）消防灭火设备　每个养殖场要配备相应的灭火器（图 2-15）、防火拖把（图 2-16）、消防水箱和移动高压喷枪等。

（3）逃生通道　每个养殖场至少有两个出口（图 2-17）。

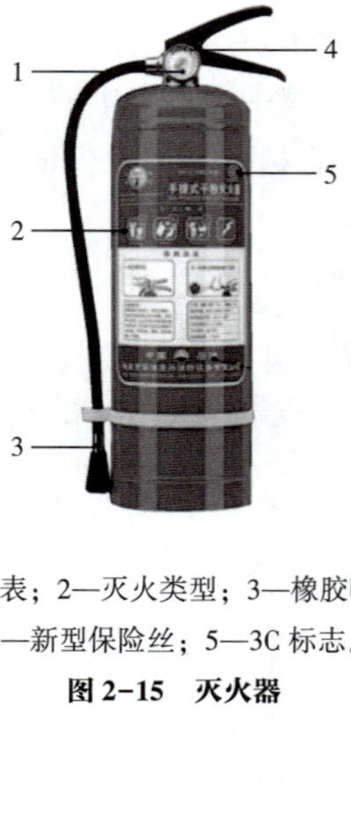

1—压力表；2—灭火类型；3—橡胶喷射管；
4—新型保险丝；5—3C 标志。

图 2-15　灭火器

图 2-16　防火拖把

图 2-17　逃生通道标志

5. 防疫设备

（1）每个养殖基地均要修建无害化处理池，做好养殖场病死鸡的无害化处理；根据饲养数量，确定池的大小，一般在 10~50m³。

（2）修建消毒室，做好人员、车辆进、出的消毒工作；人员消毒室一般面积 5m³ 以上，车辆消毒室一般 15m³（图 2-18 至图 2-21）。

图 2-18　车辆消毒

图 2-19　高压喷枪消毒

图 2-20　消毒室

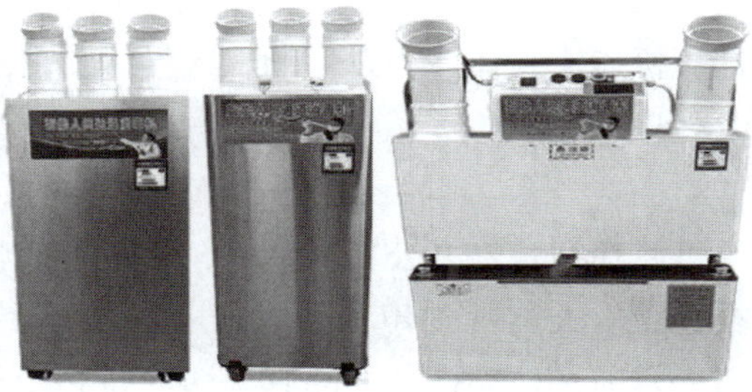

图 2-21　智能喷雾消毒机

（3）每个基地实行大圈围栏，再按圈舍设置小圈围栏。大圈围栏是为了让养殖场与外界隔离开，小圈围栏便于实行轮牧放养、避免出现脏、乱、臭，更是为了便于防疫管理。大圈围栏在 30～100 亩，小圈围栏在 1～5 亩。

6. 防兽害、虫害设备

（1）防蚊虫　诱虫是林下养鸡的重要内容之一。一方面可消灭虫害，降低林下的农药使用量，实现生态种植与养殖的有机结合；另一方面是通过诱虫，为鸡提供一定的动物蛋白，降低养殖成本。常用黑光灯、高压电弧灭虫灯、白炽灯、荧光灯和性激素诱虫。

（2）防老鼠　投放鼠夹等捕鼠具，一般每公顷投放 30～45 个，按照一定规律投放一定的工具，每日傍晚投放，翌日早晨观察。凡是捕捉到老鼠的鼠夹，应经过处理（如清洗）后再重新投放（曾经夹住老鼠的鼠夹，带有老鼠的气味，使其他老鼠产生躲避行为）。但在放牧期间不可投放鼠夹。

（3）防黄鼠狼　注意兽害，安装竹筒、木箱进行捕捉，也可养狗追踪捕捉或驱赶。

（4）防蛇　安装捕蛇工具捕捉或种植七叶一枝花、一点红、万年青、半边莲、八角莲、观音竹等植物驱避。

（5）防家畜　建金属围栏，防止大型家畜对基地围网、圈舍和设施设备的破坏。防止猫、狗等小动物进入，防止鸡群受惊吓而引起骚动，产生应激。

7. 防盗窃设备

林下养鸡区面积大，鸡舍分散，安全管理难度较大。鸡养殖场夜间时常发生被盗现象，少则十几只，多则几十只或上百只，随着广大百姓素质提高、温饱解决、社会监控力度加强、法制逐渐完善，偷盗越来越少；但因基地大，多处于偏远、远离居民区的地方，被盗现象也有发生，给养殖场造成经济损失。目前主要采取以下几方面措施。

（1）加强管理，夜间派人值班巡逻　尤其是到了秋季后期，鸡即将上市的季节，更要注意防盗，严防丢失。

（2）安装摄像头　在鸡舍的一定位置安装摄像头，与设置在值班室的电子计算机连成一体。当发生动物入侵时，值班人员就会通过监控屏幕发现，并及时处理。

（3）安装报警装置　可以在鸡放养场地的四周安装电子狗、无线电设备，主机放在宿舍、办公室等地方，处于警戒状态的主机收到信号后会发出刺耳的报警声。人员听到声音立即赶往相应区域检查、巡视，可起到很好的防护作用。目前，这类设备的品牌很多，价格也很便宜，200 多元就可购买到很好质量的报警器。

（4）养鹅、养犬预警保护　鹅天性勇敢好斗，见到陌生人进入就会鸣叫示警，甚至上前啄咬，管理人员听到鹅的叫声应立即前往查看。据实践经验，一般500羽鸡配置4~5羽鹅即可，可起到很好的防盗、防兽类的作用。犬也有很好的防盗作用，尤其在夜间，在养殖场养殖一只体型较大的猎犬，可起到良好的示警作用。

［**实操训练**］

实训　常用养鸡设备的识别

（一）实训目的

通过实训，使学生了解生态鸡养殖场常用的机械设备，掌握设备种类、技术参数以及适用范围，便于学生今后更好地从事鸡养殖场生产与管理工作。

（二）教学资源

校内教学实训基地鸡养殖场，校外生态鸡养殖基地。

（三）方法与步骤

1. 在校内教学实训基地开展学习，通过教师讲授，让学生了解生态鸡养殖场常用机械设备、种类及用途。学生还可以通过现有设备观察、网上查阅、购物网站查看等方式了解设备种类、原理、用途及使用方法。
2. 在校外生态鸡养殖基地参观学习，邀请鸡养殖场相关生产技术人员对机械设备的种类、用途与使用情况进行讲解。
3. 利用设备使用说明书，要求学生对鸡养殖场机械设备的型号、规格、使用方法及注意事项等相关技术参数进行记录与分析。

（四）实训报告

根据参观学习情况写出实训报告；介绍几种鸡养殖场常用的机械设备种类、用途、规格等参数；分析所参观鸡养殖场的机械设备安置情况是否合理，存在哪些不足之处。

项目三　贵州生态鸡品种选择、特点及引种

[知识目标]

1. 熟悉家禽品种的分类、不同品种的特征以及不同类型品种生产性能的表现。

2. 明确生态鸡品种选择的要求以及引种防疫要求。

3. 明确生态鸡常见品种的特征、生产性能与开发利用价值。

4. 掌握贵州生态放养常用优质鸡品种及特点。

[技能目标]

1. 能够正确识别各类型鸡品种。

2. 能够正确识别贵州生态鸡常用品种及生产特性。

3. 能够正确选择适宜本地区发展的生态鸡品种。

[课程思政目标]

1. 通过介绍我国鸡品种分布，激发学生的爱国主义情怀，培养民族自豪感，树立为国家发展、民族发展做出贡献的志向。

2. 培养学生树立人与自然、人与社会和谐统一的观念。

3. 引导学生树立和践行“绿水青山就是金山银山”的理念，培养生态道德和生态安全责任感，养成生态环保的生产和消费意识，从自身做起参与环境保护。

[必备知识]

一、生态鸡品种选择

我国 2011 年修订的《中国畜禽遗传资源志　家禽志》中共收录我国鸡品

种116个，其中地方品种107个，培育品种4个，引进品种5个。

（一）鸡品种分类法

1. 按地域分类

（1）青藏高原区　藏鸡、海东鸡等。

（2）蒙新高原区　边鸡、吐鲁番斗鸡、拜城油鸡等。

（3）黄土高原区　静原鸡、边鸡、略阳鸡、正阳三黄鸡、卢氏鸡等。

（4）西南山地区　茶花鸡、西双版纳斗鸡、瓢鸡、瑶山鸡、彭县黄鸡、峨眉黑鸡、武定鸡、西双版纳斗鸡）等。

（5）东北区　大骨鸡、林甸鸡等。

（6）黄淮海区　北京油鸡、太行鸡、寿光鸡、济宁百日鸡等。

（7）东南区　仙居鸡、清远麻鸡、惠阳胡须鸡、杏花鸡。

2. 按用途分类

（1）蛋用型（年产蛋180~200枚）　仙居鸡、济宁百日鸡、白耳黄鸡、汶上芦花鸡等。

（2）肉用型　清远麻鸡、河田鸡、溧阳鸡、广西三黄鸡、文昌鸡、鹿苑鸡、杏花鸡等。

（3）肉蛋兼用型（年产蛋100~160枚）　北京油鸡、太行鸡、寿光鸡、狼山鸡、固始鸡、鹿苑鸡、东乡绿壳蛋鸡、旧院黑鸡等。

（4）观赏型　鲁西斗鸡、丝羽乌骨鸡（泰和鸡、武山鸡、白绒乌骨鸡、竹丝鸡）、河南斗鸡、珍珠鸡、火鸡等。

3. 我国主要地方鸡品种的分布

我国主要地方鸡品种的分布见表3-1。

表3-1　我国主要地方鸡品种的分布

原产地	品种
四川	彭县黄鸡、峨眉黑鸡、金阳丝毛鸡、旧院黑鸡、米易鸡、兴文乌骨鸡、石棉草科鸡、沐川乌骨鸡、泸宁鸡、凉山崖鹰鸡
浙江	仙居鸡、萧山鸡、江山乌鸡、灵昆鸡、余干乌骨鸡、东乡绿壳蛋鸡、康乐鸡
云南	武定鸡、茶花鸡、尼西鸡、盐津乌骨鸡、腾冲雪鸡、云龙矮脚鸡、西双版纳斗鸡
山东	寿光鸡、济宁百日鸡、汶上芦花鸡、琅琊鸡、烟台糁糠鸡、鲁西斗鸡
广东	惠阳胡须鸡、清远麻鸡、杏花鸡、中山沙栏鸡、阳山鸡、怀乡鸡
贵州	竹乡鸡、威宁鸡、黔东南小香鸡、高脚鸡、矮脚鸡、乌蒙乌骨鸡

续表

原产地	品种
湖北	洪山鸡、江汉鸡、双莲鸡、郧阳大鸡、郧阳白羽乌鸡
河南	固始鸡、中原斗鸡、正阳三黄鸡、卢氏鸡
广西	霞烟鸡、南丹瑶鸡、广西三黄鸡
江苏	狼山鸡、鹿苑鸡、溧阳鸡
安徽	淮南三黄鸡、淮北麻鸡、宣州鸡
江西	白耳黄鸡、丝羽乌骨鸡、崇仁麻鸡
陕西	略阳鸡、太白鸡、陕北鸡
福建	河田鸡、漳州斗鸡
湖南	桃源鸡、黄郎鸡（湘黄鸡）
北京	北京油鸡
上海	浦东鸡
内蒙古	边鸡
新疆	吐鲁番斗鸡
西藏	藏鸡
黑龙江	林甸鸡
辽宁	大骨鸡
河北	坝上长尾鸡
青海	海东鸡
海南	文昌鸡
甘肃	静原鸡

（二）生态鸡品种选择的要求

生态鸡养殖品种选择，常常根据市场消费需求和生产条件需求等方面考虑，主要选择适应性强、耐粗饲、抗病力强、觅食能力强的地方品种。

1. 市场需求

（1）首先考虑当地的消费市场与饲养习惯；充分考虑市场，因地而异选择，选择毛色、肤色、体重、日龄、蛋的大小和颜色等合适的品种。

①贵州喜欢吃青脚青腿、黑脚黑腿的土鸡，还要求长脚拐。

②广东、广西地区的消费者喜食黄色皮肤、黄色脂肪的三黄土鸡。

③江苏、浙江、河南、安徽、江西、湖南、四川等地的消费者喜食青脚青腿、黑脚黑腿的土鸡。

④北方大部分地区对土鸡的羽色、肤色要求不严，但较喜欢体型较大的土鸡。

⑤在南方褐壳蛋比白壳蛋更受欢迎，目前粉壳蛋的市场较好。

⑥市场对蛋的大小也有不同偏好，南方市场比较喜欢“小蛋”，价格比蛋形正常的要高；初产蛋价格也较高。

⑦上海、江苏、浙江、安徽等地市场，49 日龄公、母鸡平均上市体重 1.3~1.5kg，1kg 以未开啼的小公鸡最受欢迎。该市场对肉鸡生长速度要求较高，对肉鸡特征要求较为次要，以浦东鸡、海新肉鸡品种较多。浦东鸡产于上海，因其成年公鸡可长到 4.5kg 以上，故有“九斤黄”之称，也是上海本地唯一的土鸡品种。海新肉鸡是上海农业科学院畜牧研究所用新浦东鸡及我国其他黄羽肉鸡品种杂交，培育的 3 系配套的快速型和优质型黄色肉鸡。海新 201、海新 202 公、母鸡 90 日龄时的平均体重在 1.5kg 以上，肉质较好，味鲜美。

⑧香港、澳门和广东珠江三角洲地区市民们偏爱接近性成熟的小母鸡，当地称为“项鸡”。要求 80~100 日龄上市，体重 1.5~2.0kg，冠红而大，毛色光亮，具有典型“三黄”外形特征。常见的有惠阳胡须鸡、石岐杂鸡、桃源鸡。

（2）考虑客户的需求。

（3）土鸡散养之所以受到欢迎，就是因为鸡肉口味鲜美、优质和生态。选择肉蛋品质优良、营养丰富的品种是选种的关键。以地方品种血统为主的肉鸡更受市场的欢迎。

（4）从羽色外貌上看，宜选择黑羽、红羽、麻羽、黄羽、青脚等地方鸡种特征明显的鸡种。从近年来的市场消费情况看，羽色为黑、红、麻、黄，脚爪色为青色的鸡，容易被消费者所认可。

2. 生产条件需求

（1）因林地养鸡，白天鸡只在野外自由活动，可能会碰到各种各样的刺激因素，林地环境条件不稳定，外界气候多变。故林地、果园、草坡养殖土鸡宜选择采食能力强、适应性强、抗病力强的品种。

（2）鲜果果园（梨、枣、苹果）养鸡，为防止鸡攀树啄食果实，应选腿短、飞翔能力差的鸡，比如农大 3 号、乌鸡等。在林地、果园（坚果）养鸡，选用太行鸡、绿壳蛋鸡等地方品种，一些配套系鸡种也可以在林下饲养。

（3）鸡的品种决定果园、林地养鸡成功与否。艾维茵鸡、AA 鸡等快大型鸡由于生长快活动量小、对环境要求高，不适于果园、林地养殖。除非是场地许可，在集约化养殖后期，把肉鸡放养到果园、林地等场所放牧以改善肉质。

否则，最好选用地方鸡种或培育的优质肉鸡品种。如江村黄鸡、三黄鸡、固始鸡、萧山鸡、绿壳蛋鸡、广西麻鸡和天府乌骨鸡等及其配套生产的土杂鸡。这些鸡种具有对环境要求低、活动量大、肉质好、采食能力和抗病力强等优点。

（4）土鸡散养大多都与生态农业相结合，选择一些外貌独特、品相又好的品种，如北京油鸡、丝羽乌骨鸡等，更有助于吸引消费者。

（5）果园林地养鸡以放养为主，应当选择适宜放养、抗病力强的土鸡或土杂鸡等地方优质品种。以肉用为主的有北京油鸡、桃源鸡、仙居鸡、固始鸡、肖山鸡、庄河鸡、三黄鸡、杏花鸡、阳山鸡、清远麻鸡、三黄胡须鸡、中山沙栏鸡、信宜怀乡鸡、广西鸡、济宁百日鸡、汶上芦花鸡、鲁西斗鸡、寿光鸡、白耳黄鸡等；改良培育品种有山东省农业科学院家禽研究所培育的鲁禽 1 号、鲁禽 3 号麻鸡，广东温氏食品集团培育的黄羽肉鸡系列，中国农业科学院北京畜牧研究所培育的京星黄羽肉鸡等。以蛋用为主的有上海家禽育种有限公司培育的新杨系列、江苏省家禽科学研究所培育的苏禽系列等。这些品种耐粗饲、抗病力强，虽然生长速度较慢、饲料转化率低，但肉质鲜美、价格高、利润大，应作为果园林地饲养的首选品种。

（三）引种防疫要求

（1）种蛋、雏鸡应从取得《种畜禽生产经营许可证》和动物防疫条件合格证的种鸡场购买，种鸡场应具有完善的售后服务体系，没有育雏条件或育雏技术的养殖场原则上应采购脱温鸡并完成免疫程序所规定疫苗的预防接种工作，减少雏鸡死亡，节本增效。

（2）雏鸡应来自种鸡无白痢、鸡新城疫、禽流感、支原体病、禽结核、禽白血病的种鸡场。

（3）同批次鸡应来自无特定疾病（如禽流感、鸡新城疫、支原体病、禽白血病、禽结核、马立克氏病等）的种鸡场或育雏场，经过产地检疫，持有效动物检疫合格证明。

（4）鸡苗出壳时，应由厂家接种马立克氏疫苗。

（5）脱温鸡应按相关免疫程序完成疫苗的免疫接种。

（6）雏鸡运输工具运输前应经过彻底清洗和消毒。

（7）跨省引进用于饲养的家禽到达目的地后，货主或承运人应当在 24h 内向所在地县级人民政府动物卫生监督机构报告，并接受监督检查。

二、市场常见品种

（一）蛋鸡品种

1. 海兰蛋鸡

海兰蛋鸡是美国海兰国际公司培育的四系配套优质蛋鸡品种。我国从20世纪80年代引进至今，在全国有多个祖代或父母代种鸡场，是褐壳蛋鸡中饲养较多的品种之一，适宜集约化鸡养殖场、规模化鸡养殖场、专业户和农户饲养。

具有饲料转化率高、产蛋多和成活率高的优良特点。1~18周龄成活率为96%~98%，体重1550g，每只鸡耗料量为5.7~6.7kg。高峰产蛋率94%~96%，72周龄入舍鸡产蛋数为298枚，平均蛋重65.1g，72周龄体重为2250g。料蛋比（2.2~2.5）：1。

2. 罗曼蛋鸡

罗曼蛋鸡是目前饲养最广泛的蛋鸡品种之一。具有产蛋率高、饲料转化率高、蛋品质优良等特点。罗曼蛋鸡是德国罗曼家禽育种有限公司育成的高产鸡种，主要推广罗曼白和罗曼褐两种类型。适宜集约化鸡养殖场、规模化鸡养殖场、专业户和农户饲养。50%商品代蛋鸡开产日龄为154~158日龄，产蛋高峰期产蛋率为90%~93%，72周龄入舍鸡产蛋数为295~305枚，年产蛋290~300枚，平均蛋重62~63g，料蛋比（2.3~2.4）：1。

3. 农大3号

农大3号全称是“农大褐3号”矮小型蛋鸡，是中国农业大学动物科技学院用纯合矮小型公鸡与慢羽普通型母鸡杂交推出的配套系，商品代生产性能高，可根据羽速自别雌雄，快羽雏鸡都是母鸡，慢羽雏鸡都是公鸡。72周龄年产蛋数可达260枚，平均蛋重约58g，产蛋期日耗料量85~90g/只，料蛋比2.1：1。饲养1只矮小型蛋鸡商品代可节省饲料8~10kg，增加利润近8元。矮小型蛋鸡20周龄体重标准为1.2kg，均匀度最好在70%以上；育雏、育成期应给予较高的饲料营养水平，不要限制饲喂；管理要细致，勤匀料；根据鸡的发育情况，适当分群；必要时可考虑使用颗粒破碎料；如果育成鸡的体重没有达到标准，应推迟增加光照刺激。该品种不能与普通蛋鸡混养，否则会因采食时抢不过普通蛋鸡，造成生长发育不良。

4. 京粉1号与京红1号

京粉1号与京红1号主要有实用性好、适应性强和繁殖能力高等优点。耐粗饲，有较强的适应能力，适合中国粗放的饲养环境；成活率高，育成鸡达98%，蛋鸡达93%，均比国外品种高2%~3%；产蛋高峰长，商品代产蛋率

90%以上都能达到 180d；年产蛋 311 枚，产蛋总重 19.5kg，产蛋期料蛋比 2.2∶1。

（二）肉鸡品种

1. “882”黄鸡

“882”黄鸡由广州白云家禽发展公司选育。该鸡毛黄、脚黄、皮黄，鸡体呈矩形，肉质鲜嫩，汤味浓郁，是较受欢迎的肉鸡品。育成的“882”黄鸡分 S 系、K 系和 R 系，并配套生产“882”1 号、“882”2 号、“882”3 号商品肉鸡系列产品。商品代“882”1 号鸡生长速度稍慢，90 日龄母鸡平均体重 1.750kg，料肉比 3.0∶1。“882”2 号鸡和“882”3 号鸡 90 日龄母鸡平均体重 1.950kg，料肉比 2.8∶1。

2. K9 系列肉鸡

K9 系列肉鸡是通过杂交培育出生长快、高产优质、适销对路、抗逆性强的优质黄（麻）羽肉鸡。父母代种鸡有 K90、K99 两个品系，产蛋性能高、节省饲料、抗逆性强。K9 系列肉鸡具有生长快，饲料转化率高，抗病力强的特点。父母代种鸡 K90 为黄羽系（黄羽、黄脚、黄喙），K99 为麻羽，商品代肉鸡脚短身圆，胸肌丰满，体型呈圆筒状，腿肌发达，体型中等。K90、K99 两个商品代 70 日龄公鸡平均体重分别为 1650g、1750g，母鸡分别为 1250g、1350g；公鸡饲料转化率分别为 2.35∶1、2.30∶1，母鸡分别为 2.55∶1、2.50∶1。

3. 瑶山鸡

广西南丹瑶山鸡公鸡羽色以金黄色、棕红色、黄黑色较多，母鸡以麻黑色、黑白花、土黄色较多。成年鸡体重：公鸡 3537g，母鸡 2262g。成年鸡屠宰率：半净膛，公鸡 82.5%，母鸡 90.0%；全净膛，公鸡 77.0%，母鸡 86.1%。贵州瑶山鸡平均体重：初生 35g，90 日龄公鸡 842g、母鸡 730g，150 日龄公鸡 1730g、母鸡 1420g，成年公鸡 2450g、母鸡 2050g。

4. 鲁禽麻鸡

鲁禽 1 号、鲁禽 3 号麻鸡配套系是由山东省农业科学院家禽研究所以琅琊鸡等地方优质品种为育种素材培育的优质肉鸡。

鲁禽 1 号麻鸡配套系 1~19 周龄的成活率为 95%；父母代种鸡平均开产日龄为 146 日龄，28 周龄达产蛋高峰，高峰产蛋率为 84%；66 周龄入舍母鸡平均产蛋 179 枚，平均产雏鸡 153 羽；商品代鸡 10 周龄平均体重为 1772g，料肉比为 2.42∶1。

鲁禽 3 号麻鸡 1~19 周龄成活率为 94%；父母代种鸡平均开产日龄为 144 日龄，29~30 周龄达产蛋高峰，高峰产蛋率为 83%；66 周龄入舍母鸡平均产蛋

182 枚，平均产雏鸡 155 羽；商品代鸡 13 周龄体重为 1771g，料肉比为 3.4∶1，成活率为 97%。

5. 崇仁麻鸡

以肉嫩味鲜、营养丰富而闻名，是青脚麻鸡的典型代表。崇仁麻鸡体型较小，性情活泼，敏捷，觅食力强。母鸡分黄麻、黑麻两种类型，羽毛紧凑，喙、趾呈铁青色，单冠和肉髯呈鲜红色。公鸡羽毛呈棕红色，尾呈绿色，胸部肌肉发达，胸腹部羽毛红中带黑，肉垂深而薄，体型呈菱形。成年公鸡体重为 1.4~1.5kg，成年母鸡体重为 1.2~1.3kg。

三、生态鸡品种

（一）蛋用型

蛋用型品种主要是适合林下放养的蛋鸡品种，重点有以下几个品种。

1. 海兰褐鸡

海兰褐鸡常用于林下养鸡。其商品代初生雏鸡，母鸡全身红色，公鸡全身白色，可以自别雌雄。但由于母本是合成系，商品代中红色绒毛母鸡中有少数个体在背部带有深褐色条纹，白色绒毛公鸡中有部分在背部带有浅褐色条纹。商品代母鸡在成年后，全身羽毛基本（整体上）为红色，尾部上端大都带有少许白色。该鸡的头部较为紧凑，单冠；耳叶红色，也有带有部分白色的。皮肤、喙和胫为黄色。体型结实，基本呈元宝形。海兰褐鸡商品代生产性能为 80 周龄产蛋 358 枚左右。

2. 海兰灰鸡

海兰灰鸡也可以用来发展林下养鸡。海兰灰鸡商品代初生雏鸡全身绒毛为鹅黄色，有小黑点呈点状分布，可以通过羽速自别雌雄，成年鸡背部呈灰浅红色，翅间、腿部和尾部呈白色，皮肤、喙和胫的颜色均为黄色，体型轻小清秀。海兰灰鸡商品代生产性能为 74 周龄产蛋 305 枚左右。

3. 京红 1 号

林下饲养京红 1 号商品代蛋鸡也较适合。这种鸡体型中等结实，呈元宝形。全身羽毛呈红褐色，单冠红色，冠齿 4~7 个，眼圆大有神，虹彩内圈为黄色、外圈为橘红色，瞳孔为黑色，耳叶红色，喙、胫、皮肤呈黄色，四趾无胫羽。雏鸡中母鸡全身绒毛呈棕红色，少数个体背部有深褐色条纹，公鸡全身绒毛呈白色。鸡蛋商品化率高（50~65g 的鸡蛋占产蛋总数的 90%以上），蛋壳质量好、呈深褐色，蛋内容物无鱼腥味。生产性能为 72 周龄产蛋 331 枚左右。具有广阔的推广应用前景。

4. 京粉1号

林下养鸡可以选用京粉1号鸡，它体型轻小、清秀，背部、胸腹部羽毛呈灰浅红色，翅间、腿部和尾部呈白色，单冠红色，耳叶白色，眼圆有神，虹彩橘红色，瞳孔黑色，冠齿5~7个，喙、胫、皮肤均为黄色，四趾无胫羽。雏鸡全身绒毛为鹅黄色，有小黑点呈点状分布全身，公鸡为慢羽，母鸡为快羽，可根据羽速自别雌雄。该鸡性情温和，无啄肛、啄羽等不良习性。蛋壳呈粉色、色泽均匀光亮，蛋内容物无鱼腥味。生产性能为72周龄产蛋331枚左右。

5. 大午金凤

雏鸡全身浅红色羽毛（占90%）或红头脸（占10%，即雏鸡的头、脸呈浅红色羽色）。成年鸡全身羽毛为浅红色，颈部、尾部红色偏深，绒毛为白色，体型丰满，单冠、冠齿5~7个，肉垂椭圆而鲜红，耳叶为白色，喙、胫、皮肤为黄色。该鸡种具有红羽产粉壳蛋、适应性强、耗料少、产蛋多、蛋重适中、蛋壳颜色鲜艳、啄死淘率低、淘汰鸡价格高等独特优势。生产性能为72周龄产蛋322枚左右。

6. 农大3号

农大3号节粮小型蛋鸡也可以用于林下养鸡。它是由中国农业大学育种专家经多年培育的优质蛋用品种。1998年通过农业部鉴定，1999年获得国家科技进步二等奖，2003年通过国家品种审定。农大3号节粮小型蛋鸡主要有两种产品类型：一种是小型褐壳蛋鸡，商品代鸡产褐壳蛋；另一种是小型浅褐壳蛋鸡，商品代鸡产浅褐壳蛋。农大3号商品代蛋鸡主要生产性能为72周龄产蛋270~280枚左右。

7. 来航鸡

来航鸡原产于意大利，是目前世界上最优秀的蛋鸡品种之一，按冠型和羽色分为16个品种；单冠白来航鸡其全身羽毛白色而紧密，体态轻盈，公鸡冠直立，母鸡冠倒向一侧；单冠白来航鸡性情活泼、适应性强、富神经质、易受惊吓、无就巢性、性成熟早。成年公鸡体重2~2.5kg，母鸡体重1.5~1.75kg。160日龄开产、年产蛋220~260枚，平均蛋重54~60g，蛋壳白色。

（二）蛋肉兼用型

1. 仙居鸡

仙居鸡又称梅林鸡，是浙江省优质的小型蛋用地方鸡种，主要产区在浙江省仙居县及邻近的临海、天台、黄岩等县，分布于浙江省内东南部。仙居鸡有黄、黑、白三种毛色，黑色体型最大，黄色次之，白色略小。目前育种场主要的力量是放在黄色鸡种的选育上。黄色鸡种羽毛紧凑，尾羽高翘，体型健壮结实，趾黄色无毛，单冠直立，喙短而棕黄，部分鸡只颈部有鳞状黑斑。年产蛋

180~200 枚，平均蛋重为 42g，蛋褐色，繁殖力强，公母配比 1：（16~20）的情况下，受精率为 91. 12%，蛋孵化率为 72. 7%。

2. 白耳黄鸡

白耳黄鸡主要产区在浙江省江山县和江西省上饶市的广丰、上饶、玉山三县，因其全身披黄色羽毛、耳叶白色而得名，白耳黄鸡的选择以三黄一白的外貌为标准，即黄羽、黄喙、黄脚、白耳，耳叶要大，呈银白色，虹彩金黄色，喙略弯，呈黄色或灰黄色，全身羽毛呈黄色，皮肤和胫部均呈黄色，无胫羽。母鸡 151. 75 日龄开产，开产体重为 850g，年产蛋 180 枚，平均蛋重 54. 23g，蛋壳深褐色。

3. 汶上芦花鸡

汶上芦花鸡是山东省汶上县特产，全国农产品地理标志。汶上芦花鸡以其独特的羽色和体型，高营养的肉质和蛋产品而驰名中外，汶上芦花鸡属蛋肉兼用型鸡种，体型呈元宝形，又称“元宝鸡”，肉质细密，娇嫩鲜美，皮肤白色，皮薄、皮下脂肪少、肌肉结实。汶上芦花鸡成年公鸡体重 1. 6~1. 9kg，母鸡 1. 3~1. 5kg。60 日龄公、母鸡平均体重达到 0. 49kg 左右，180 日龄公鸡平均体重达到 1. 6kg、母鸡 1. 35kg。开产日龄一般在 150 日龄左右，年产蛋 160~210 枚，蛋重 45~51g，料蛋比 2. 8：1，蛋壳呈粉色或乳白色，质地紧密较厚，蛋黄呈金黄色，色浓圆大，蛋清光亮胶着。

4. 东乡绿壳蛋鸡

东乡绿壳蛋鸡全身乌黑，鸡肉黑色素含量高，肉维生素 A 含量较高，胆固醇含量较低。半净膛率：公鸡 78. 4%，母鸡 81. 7%；全净膛率：公鸡 64. 5%，母鸡 71. 2%；胸肌率：公鸡 18. 8%，母鸡 21. 7%。东乡绿壳蛋鸡体躯菱形，羽毛分黑羽、黄羽、麻羽、白羽和芦花等羽色，羽毛为片状紧凑。母鸡羽毛紧凑，单冠直立，冠齿 5~6 个，眼大有神，大部分耳叶呈浅绿色，肉垂深而薄，胫细而短，成年体重 1. 2~1. 4kg，均产绿壳蛋，500 日龄产蛋 152 枚。公鸡雄健，鸣叫有力，单冠直立、暗紫色，冠齿 7~8 个，肉垂深而大，耳叶紫红色，颈羽、尾羽泛绿光且上翘，体重 1. 4~1. 6kg，体型呈“V”型。

5. 固始鸡

固始鸡原产于河南省固始县，沿淮河流域以南、大别山脉北麓的商城、新县、淮滨等 10 个县市及安徽省霍邱、金寨等县也有分布。固始鸡冠分为单冠与豆冠两种，以单冠者居多，冠直立，冠后缘冠叶分叉，喙短略弯曲，呈青黄色，胫呈靛青色，四趾，无胫羽，尾羽分佛手状尾和直尾两种。开产体重为 960. 7g，平均开产日龄为 170. 5 日龄，开产蛋重为 40. 5g，年产蛋 150. 5 枚，平均蛋重为 50. 5g，蛋壳厚。

6. 萧山鸡

萧山鸡又称越鸡，主要产地为浙江省萧山县，以瓜沥、义蓬、坎山、靖江、城北等乡所产的鸡种为最佳，分布于杭嘉湖及绍兴地区。萧山鸡体型较大，外形近似方而浑圆。公鸡的羽色有红色、黄色、淡黄色，母鸡基本上为黄色，单冠，肉垂红色，眼球蓝褐色，虹彩橙黄色，深浅不一，农村饲养的水平低下，一般年产蛋 110~130 枚，蛋重为 53g 左右。

7. 狼山鸡

狼山鸡是我国古老的地方鸡种，并在世界上享有盛名，原产区为江苏省南通市如东县境内。狼山鸡体格健壮，头昂尾翘，背部较凹，羽毛紧密，行动灵活。羽色分为纯黑、黄色和白色，现主要保存了黑色鸡种。头部短圆，脸部、耳叶及肉垂均呈鲜红色，白皮肤、黑色胫。开产体重为 1550g。狼山鸡的平均开产日龄为 150 日龄，开产蛋重为 40g，年产蛋 160~170 枚，平均蛋重为 55g。

8. 金湖乌凤鸡

金湖乌凤鸡是中国稀有肉蛋兼用小型麻羽乌鸡地方品种，在泰宁县独特的生态环境下，经长达一千多年的自然选择和人工选择，结合传统饲养方式，金湖乌凤鸡形成了野性强、觅食力强、适应性广、耐粗饲、抗病力强及适合林间放牧饲养的生物学特性。金湖乌凤鸡具有麻羽、凤头、绿耳、桑葚冠、毛脚、乌皮、乌骨、乌肉的种质资源特征，有药用价值和经济价值。

金湖乌凤鸡具有“三乌”典型特征，即乌皮，全身皮肤及眼和脸、喙、胫、趾均呈黑色，乌黑的部位和程度有时随不同个体而稍有差异；乌肉，全身肌肉略带乌色，内脏组织器官均呈乌色；乌骨，骨质、骨膜呈乌黑色。

金湖乌凤鸡放牧在丹霞地貌的林间，采食虫子和腐叶，喜飞上树梢上休息或过夜，鸡的运动量大，改善了鸡的肉质风味。

9. 瓢鸡

瓢鸡体型独特，属肉蛋兼用型品种，是中国稀有的地方鸡种之一。瓢鸡原产地为云南省普洱市镇沅彝族哈尼族拉祜族自治县，位于云南省西南部，以山地、坝区为主，主要分布于田坝乡的田坝村、瓦桥村、三河村，者东镇的者整村和按板镇的磨庆村、宣河村，相邻的宁洱县梅子乡也有少量分布。该品种具有性情温顺、适应性强、易肥、产肉性能好、肉品质优良等特点。

10. 独龙鸡

独龙鸡是中国云南少数民族独龙族祖祖辈辈养的鸡，体型小而紧凑，羽毛颜色较杂，主要分布在独龙江流域最北边，缅甸北部和中国云南、西藏入四川交界的接合部。独龙鸡具有觅食力强、善飞翔、抗病力强、肉质鲜美等特点，能适应高海拔、高湿度的恶劣条件，适合山区放养，但产蛋较少。2010 年 1 月 15 日，经国家畜禽遗传资源委员会审定、鉴定，独龙鸡被列入《国家畜禽遗传资源目录》。

（三）肉用型

目前我国饲养的肉鸡品种主要分为两大类型：一类是快大型白羽肉鸡（一般称之为肉鸡），另一类是黄羽肉鸡（一般称之为黄鸡，也称优质肉鸡）。快大型白羽肉鸡的主要特点是生长速度快，饲料转换效率高。正常情况下，42 日龄体重可达 2650g，饲料转化率 1.76：1，胸肉率 19.6%。黄羽肉鸡生长速度慢，饲料转化率低；但适应性强，容易饲养，鸡肉风味品质好，因此受到中国（尤其是南方地区）和东南亚地区消费者的广泛欢迎。市场上常见的肉鸡品种，主要以公鸡为主，有我国引进或培育优质肉鸡品种，以及当地的土鸡品种。

培育优质肉鸡品种 10 个：海新肉鸡（K9）、“882”黄鸡、石岐杂鸡、中华矮脚肉鸡、鲁禽麻鸡、江村黄鸡、京黄肉鸡、粤麻鸡、粤黄鸡、新浦东鸡。

引进国外品种 9 个：AA 肉鸡、艾维茵肉鸡、星布罗肉鸡、明星肉鸡、红波罗肉鸡、哈巴德肉鸡、狄高肉鸡、罗斯 308、罗曼。

地方品种：瑶山鸡、红血毛鸡、青脚麻鸡、略阳鸡、安义瓦灰鸡等。

（四）观赏型

1. 河南斗鸡

河南斗鸡体型分为 4 种：粗糙疏松型、细致型、紧凑型、细致紧凑型。头半菱形，冠型以豆冠为主。喙短粗，呈半弓形。羽色以青、红、白三色为主色，三色羽之间相互交配形成青、红、紫、皂、白、花等色。骨骼比一般鸡种发达，最突出的是脑壳骨厚，是普通鸡的两倍。胸骨长，腿裆较宽。成年鸡体重：公鸡 3500g，母鸡 2000~3000g。180 日龄屠宰率：半净膛，公鸡 82.9%，母鸡 84.1%；全净膛，公鸡 77.9%，母鸡 76.6%。开产日龄为 240 日龄，年产蛋 82~121 枚，蛋重 50~60g，蛋壳以褐色、浅褐色为多。

2. 鲁西斗鸡

鲁西斗鸡体型高大魁梧，体质紧凑结实。成年斗鸡喙似鹰、颈似鹅、身似鸵鸟。公鸡胸肌发达，胫长腿高，尾羽高举。羽色种类较多，主要有黑色、红色和白色，还有紫羽和花羽等。冠呈瘤状，有仙鹤顶和泰山顶两种，以仙鹤顶为佳。肉垂已不明显。胫呈白色，无胫羽。四趾，趾间距宽。成年鸡体重：公鸡 2890g，母鸡 2070g。成年鸡屠宰率：半净膛，公鸡 82.9%，母鸡 84.2%；全净膛，公鸡 77.9%，母鸡 76.6%。开产日龄为 200~240 日龄，年产蛋 40 枚，蛋重 50~75g，蛋壳呈深褐色。

3. 丝羽乌骨鸡

丝羽乌骨鸡（泰和鸡、武山鸡、白绒鸡、竹丝鸡）。体型结构细致紧凑，体态小巧轻盈，头小、颈短、脚矮。标准的丝羽乌骨鸡具有十大特征，又称“十全”。

（1）桑椹冠，草莓冠，公鸡比母鸡略为发达。鸡冠颜色在性成熟前为暗紫色，与桑椹相似；成年后则颜色减退，略带红色，故有荔枝冠之称。

（2）缨头，头顶有聚集的丝羽冠，外观为一丛缨状，母鸡冠羽较为发达，状如绒球，又称“凤头”。

（3）绿耳，耳叶呈暗紫色，在性成熟前现出明显的蓝绿色彩，但在成年后此色素逐渐消失，耳叶仍呈暗紫色。

（4）胡须，在下颌和两颊着生有较细长的丝羽，俨如胡须，母鸡较为发达。

（5）肉垂很小，或仅留痕迹，颜色与鸡冠一致。

（6）丝羽，除翼羽和尾羽外，全身的羽片因羽小枝没有羽钩而分裂成丝绒状。一般翼羽较短，羽片的末端常有不完全的分裂。

（7）五爪，脚有五趾，毛脚，胫部和第四趾着生有胫羽和趾羽。

（8）乌皮，全身皮肤以及眼、脸、喙、胫、趾均呈乌色。

（9）乌肉，全身肌肉略带乌色，内脏膜及腹膜均呈乌色。

（10）乌骨，骨质暗乌，骨膜深黑色。

成年鸡体重：福建，公鸡 1810g，母鸡 1660g；江西，公鸡 1300g，母鸡 970g。成年鸡屠宰率：半净膛，公鸡 88.4%，母鸡 84.2%；全净膛，公鸡 75.9%，母鸡 69.5%。开产日龄：福建为 170 日龄，江西为 156 日龄。年产蛋：福建为 120~150 枚，江西为 110 枚。蛋重：福建为 47g，江西为 40g。蛋壳呈浅褐色。

4. 滕冲雪鸡

滕冲雪鸡全身羽毛为扁羽，颜色雪白无斑。皮肤、肌肉、骨质均为黑色。体型中等，结实紧凑。冠多为单冠，也有少数玫瑰冠。公鸡冠和肉垂为红色，母鸡冠为紫黑色，多 Z 形折叠。虹彩黄色，瞳孔黑色，耳叶绿色。胫、趾黑色，分有羽和无羽两种。成年鸡体重：公鸡 1840g，母鸡 1570g。成年鸡屠宰率：半净膛，公鸡 78.0%，母鸡 81.0%；全净膛，公鸡 65.0%，母鸡 67.0%。开产日龄为 140~160 日龄，年产蛋 110~150 枚，蛋重 42g，蛋壳呈浅褐色。

5. 西双版纳斗鸡

西双版纳斗鸡体型高大，体呈方形。羽毛稀少，胸肌裸露。头小呈半梭形，似鹰。冠、耳较小，鲜红色，多数为短冠。颈较长，喙短粗呈弓形，颜色有黄、褐、铁灰等。脸部红色，成年公鸡胸关节、肘关节、泄殖腔周围脱毛处均为红色。虹彩橘红、金黄色。毛色种类较多，但主要有纯白、纯黑、纯红三色，纯白者呈现“三黄”即喙、胫、皮肤均为黄色；纯黑者带光亮，主翼羽黑中镶白，副翼羽全黑，喙灰褐色，皮肤白色。无胫羽、趾羽。成年鸡体重：公鸡2000g，母鸡1400g。成年鸡屠宰率：半净膛，公鸡83.1%，母鸡78.6%；全净膛，公鸡78.1%，母鸡74.0%。开产日龄为180~210日龄，年产蛋100~120枚，蛋重40g，蛋壳多为白色、浅褐色。

6、漳州斗鸡

漳州斗鸡体躯呈长方形，母鸡全身羽毛以棕黄、红褐二色较多，颈羽棕色，背羽至尾羽花褐色，腹、颈下浅黄色；公鸡以红褐、黄褐色常见，颈羽深红或金黄色，背羽深红色，胸羽黑色，尾羽与主、副翼羽均为红、黑两色相混。喙黄褐色，豆冠，胫黄色，皮肤白色。成年鸡体重：公鸡3000g，母鸡2000g。成年鸡屠宰率：半净膛，公鸡87.1%，母鸡78.3%；全净膛，公鸡81.6%，母鸡66.8%。开产日龄为201日龄，年产蛋80枚，蛋重49g。蛋壳呈浅褐色。

7. 北京油鸡

北京油鸡相貌奇特、肉质细腻、蛋香浓郁，是中国的肉蛋兼用型、观赏型的黄羽地方鸡种。北京油鸡体躯中等，具备羽黄、喙黄、胫黄的“三黄”特征，凤头（冠羽）、胡须（髯羽）和毛腿（胫羽和趾羽）的“三毛”特征，还具备五趾特征。成年体重：公鸡2.0~2.1kg，母鸡1.7~1.8kg。生长速度较慢，母鸡7月龄开产，在农村放养条件下，每只母鸡年产蛋量约为110枚，当饲养条件较好时，可达125枚。平均蛋重为56g。每只母鸡的年产蛋总重量约为7kg，蛋壳褐色。

8. 亳州斗鸡

亳州斗鸡属观赏型、肉用型鸡种，主产于安徽亳州。亳州斗鸡体型较大，体格结实、紧凑，羽毛薄，腿高而粗壮，颈粗而长，胸部宽厚，肌肉丰满，喙宽而长，呈白色、黄色或黑色等。该品种具有适应性强、耐寒耐热、抗病力强、耐粗饲、耗料少等特性。

亳州斗鸡头半菱形或鳞头，头小，头皮薄而紧，细毛。冠型有平冠、鹅冠、玫瑰冠和核桃冠；冠、肉髯、耳叶红色。脸色鲜红有光泽，近似无毛有细毛。鼻高而不下凹，鼻孔大而呈椭圆形。眼大，眼窝深，瞳孔黑色界线清晰分明，眼珠有水白眼、白沙眼、菊花眼、绿豆眼、金黄眼、红眼等，红眼为次等眼。耳孔呈圆形，由扇毛覆盖，耳垂小呈椭圆形。

斗性强的公鸡通常具有“五短三粗”的特点，即胫短、颈短、身短、脸短、尾短，喙粗、颈粗、身粗，或“五长一厚”的特点，即喙长、身长、胫长、尾长、腿长，胸厚。

9. 吐鲁番斗鸡

吐鲁番斗鸡是新疆维吾尔自治区吐鲁番市特产，中国国家地理标志产品。

吐鲁番斗鸡和中原斗鸡、漳州斗鸡、西双版纳斗鸡并称为“中国四大斗鸡”，被列入国家和新疆家禽资源保护名录。吐鲁番斗鸡具备身材剽悍、双腿健壮、脖颈俊秀、目光犀利、凶猛顽强等基本特征，骁勇善战闻名国内外，甚至打败过世界最著名的泰国斗鸡。2012 年 12 月 27 日，国家质量监督检验检疫总局批准对“吐鲁番斗鸡”实施地理标志产品保护。

10. 贵妃鸡

贵妃鸡又名贵妇鸡，原产于英国皇室，其头戴凤冠，身披黑白花羽，天生丽质，被英国皇室定名为“贵妃鸡”，专供宫廷玩赏和御用，并禁止民间饲养。其集观赏、美食、滋补于一身，野味浓，营养丰富，其肉质细嫩、油而不腻、美味可口，富含人体所需的 17 种氨基酸、10 多种微量元素和多种维生素，特别是被称为抗癌之王的硒和锌的含量是普通禽类的 3~5 倍，是当代最为理想的食疗珍禽，被誉为“益智肉”“美容肉”“益寿肉”。

贵妇鸡形态奇特，体型娇小玲珑。冠为羽毛凤冠，成年雄鸡更明显。冠体前有一独立的呈锥形小冠体，冠体为豆冠，冠体两侧为碗状发达的肉质体，延伸为“V”形肉质角状冠，色泽鲜红、细致，后侧形如圆球状的大朵黑白花片羽毛束，好似西洋贵妇人的帽子，因而得名贵妇鸡。

四、贵州生态鸡养殖常用优质品种及特点

（一）贵州生态鸡养殖重点发展品种

1. 肉鸡

肉鸡养殖重点发展乌蒙乌骨鸡、赤水竹乡鸡、黔东南小香鸡、瑶山鸡等地方特色优质品种。

2. 蛋鸡

蛋鸡养殖重点发展绿壳蛋鸡（含竹乡鸡）为主的地方优质品种。

（二）适合贵州生态放养的鸡品种及特点

目前贵州常用的优质鸡品种主要有瑶山鸡、乌蒙乌骨鸡、威宁鸡、赤水竹乡鸡、长顺绿壳蛋鸡、黔东南小香鸡、兴义矮脚鸡、高脚鸡 8 个品种。

1. 瑶山鸡

瑶山鸡原产于贵州省荔波县，属肉蛋兼用型品种。该鸡体型大、产肉多、肉质好、耐粗饲、适应性强、羽毛亮丽，黑脚，公鸡冠大而红润，羽毛为黑红色或黄红色，尾羽、主翼羽、副翼羽和腹羽为黑色；母鸡羽毛多为麻黄色和麻黑色。出栏时间为 120 ~ 150 日龄；体重：公鸡 2245 ~ 2255g，母鸡 1745 ~ 1754g，开产日龄为 150~180 日龄，年产蛋 120~150 枚，屠宰率 90%。

2. 赤水竹乡鸡

赤水竹乡鸡是贵州省著名的地方家禽品种之一，产于贵州北部“楠竹之乡”赤水市，属中型蛋肉兼用型鸡种，也属于乌骨鸡系列。该鸡胫以黑色居多，皮肉呈黑色，肉髯呈紫黑色，虹彩呈褐色。公鸡颈羽、背羽呈红色，尾羽呈黑色带有墨绿色光泽。母鸡羽毛多为黑色，麻黄色次之，少数有黄、黑麻及灰色。出栏时间为 120～150 日龄；体重：公鸡 2256～2268g，母鸡 2054～2066g。母鸡平均开产日龄为 180～210 日龄，年产蛋 100～150 枚，屠宰率 90%以上。

3. 乌蒙乌骨鸡

乌蒙乌骨鸡是贵州省的药肉兼用型鸡种。主产于云贵高原黔西北部乌蒙山区毕节市的织金、纳雍、大方等县以及六盘水市水城区等地，是由毕节市畜牧兽医科学研究所以本地乌骨土鸡为素材，从 1993 年起经过 20 年优选提纯，培育成的地方优质品种。乌蒙乌骨鸡最大特点是富含锌、硒等微量元素，是中国鸡种中难得的珍品。

该鸡羽毛以黑褐色为主，兼有白、芦花、黄、灰等羽色。公鸡体大雄壮，母鸡稍小紧凑，多为单冠，公鸡冠大直立，母鸡冠较小。出栏时间为 150～180 日龄；体重：公鸡 2192～2198g，母鸡 1850～1860g。母鸡平均开产日龄为 185～200 日龄，年产蛋 100～130 枚。屠宰率 90%以上。

4. 黔东南小香鸡

黔东南地区处于云贵高原山区，境内有雷公山、云台山、佛顶山等原始森林、原始植被保护区与自然保护区 29 个，67.37%森林覆盖率为贵州省之最。良好的生态环境是散养黔东南小香鸡的场所，也是黔东南小香鸡优良品质形成的原因。原始生态保存完好，植被茂密，冬无严寒，夏无酷暑，四季分明，雨水充沛，空气清新，适宜小香鸡饲养。黔东南小香鸡抗病力强、适应性好、觅食能力强、饲养成本低、耐粗饲。放养的黔东南小香鸡个体矮小、肌肉紧实、肉质细嫩、肉味鲜美，以小、香闻名。黔东南小香鸡有药用功效，是产妇、久病体虚者的滋补品。

2019 年 6 月 24 日，农业农村部正式批准对“黔东南小香鸡”实施农产品地理标志登记保护。黔东南小香鸡是贵州地方优质品种资源，2006 年被列为国家品种资源平台建设项目。小香鸡体小匀称、胫呈黑褐色。公鸡羽毛多呈深红色，兼有红花、黑红和白色，尾羽发达，呈墨绿色。母鸡羽毛多呈黄麻、黑麻和褐麻色，兼有黑色和花色。出栏时间为 150～180 日龄；体重：公鸡 1376～1382g，母鸡 1168～1176g。母鸡平均开产日龄为 190～210 日龄，年产蛋 90～120 枚，屠宰率 89%以上。

5. 长顺绿壳蛋鸡

长顺绿壳蛋鸡因产地地处贵州省长顺县而得名，引种于湖北华绿黑鸡、三峡黑鸡，是中国稀有的珍禽品种。长顺绿壳蛋鸡是在贵州特定自然生态环境下，经长期自然选择和人工选择而形成的一种鸡，具有耐粗饲、抗病力强、觅食能力强等特点，属蛋肉兼用型品种。黑脚，公鸡单冠直立，颈羽、鞍羽赤红，背羽、腹羽红黄相间，主翼羽、尾羽墨绿而有光泽，母鸡羽色以黄麻色居多。成年公鸡 1872~1879g，成年母鸡 1678~1686g，母鸡平均开产日龄为 165~195 日龄，产蛋 130~150 枚（平均蛋重 51.8g，蛋壳绿色占 85%）。产蛋期料蛋比为（3.0~3.5）：1，蛋壳翠绿、薄厚均匀。

6. 威宁鸡

威宁鸡主产于贵州省乌蒙山区毕节市的威宁、纳雍、赫章及六盘水市水城区等地。贵州水热条件优越，山多草茂，在长期的畜牧业发展过程中，形成了丰富的畜禽品种资源。威宁鸡属中型蛋肉兼用型品种。因分布区域在乌蒙山区，故又称乌蒙鸡。

该鸡具有耐粗饲、抗寒、抗湿、肉质鲜美、蛋大壳厚和蛋黄品质良好等特点。公鸡单冠直立，羽毛红黄色，颈、胸、背、翅羽棕红色；母鸡单冠居多，少数为玫瑰冠，羽色以麻黄色居多，黑麻色次之，少数有黑色和杂花色。出栏时间为 150~180 日龄。体重：公鸡 1878~1885g，母鸡 1652~1662g。母鸡平均开产日龄为 220~240 日龄，年产蛋 75~120 枚。

7. 普定高脚鸡

普定高脚鸡是贵州省安顺市普定县特产、中国国家地理标志产品。2017 年 5 月，国家质量监督检验检疫总局批准对“普定高脚鸡”实施地理标志产品保护。普定高脚鸡胫高体大，胫为黑色。公鸡头、肉髯较大，全身羽毛红黄色，腹羽、翅羽黑色，尾羽墨绿色而带有光泽，镰羽短；母鸡羽毛多为麻黄色和黑褐色，部分母鸡尚有胡须。出栏时间为 120~150 日龄；体重：公鸡为 2964~2973g，母鸡 1908~1912g。母鸡平均开产日龄为 220~240 日龄，年产蛋 50~60 枚。

8. 兴义矮脚鸡

兴义矮脚鸡原产于贵州省兴义市。公鸡为红黄色羽毛，主副翼羽和腹、尾羽为黑翠绿色。单冠，虹彩橘黄色，喙短，背宽平，尾翘。母鸡以黄麻色为主，白色、黑麻色次之。喙、胫、爪为黑色，少数杂有黄色。胫短，整个体躯似匍匐地面。公鸡胫长 6.5cm，母鸡胫长 5.9cm。出栏时间为 150~180 日龄。体重：公鸡 1908~1916g，母鸡 1388~1396g。母鸡平均开产日龄为 150~180 日龄，年产蛋 120~150 枚。

（三）贵州生态养鸡常用蛋鸡品种及特点

贵州常用的蛋鸡品种主要有罗曼粉蛋鸡、海兰灰蛋鸡、京白 939 粉壳蛋鸡、农大 3 号、京粉 2 号蛋鸡。

1. 罗曼粉蛋鸡

罗曼粉蛋鸡特点是产蛋多、蛋重大、饲料转化率高。达 50%产蛋率的蛋鸡日龄为 145~150 日龄；高峰期产蛋率 92%~94%；72 周龄入舍鸡产蛋 295~305 枚，平均蛋重 63.5~65.6g，料蛋比（2.0~2.1）：1。

2. 海兰灰蛋鸡

海兰灰蛋鸡特点是产蛋多，死亡率低，饲料转化率高，适应性强。达 50%产蛋率的蛋鸡日龄为 151 日龄，高峰期产蛋率 93%~96%，72 周龄入舍鸡产蛋 298 枚，平均蛋重 65.1g，料蛋比（2.2~2.5）：1。

3. 京白 939 粉壳蛋鸡

京白 939 粉壳蛋鸡是国内培育的粉壳蛋鸡高产配套系。它具有产蛋多、耗料少、体型小、抗逆性强等特点。0~20 周龄存活率为 95%~98%；20 周龄体重 1.45~1.46kg；达 50%产蛋率平均日龄为 155~160 日龄；高峰期最高产蛋率 96.5%；72 周龄入舍鸡产蛋 270~280 枚，72 周龄入舍鸡产蛋质量 16.74~17.36kg；料蛋比（2.30~2.35）：1。

4. 农大 3 号

农大 3 号全称是“农大褐 3 号”矮小型蛋鸡，是中国农业大学动物科技学院用纯合矮小型公鸡与慢羽普通型母鸡杂交推出的配套系。72 周龄入舍鸡产蛋数可达 260 枚，平均蛋重约 58g，产蛋期日耗料 85~90g/羽，料蛋比 2.1：1。饲养 1 羽矮小型蛋鸡商品代可节省饲料 8~10kg，增加利润近 8 元。农大 3 号产蛋率高、肉质细腻、具有良好的抗病能力，是近年来饲养较多的品种之一。

5. 京粉 2 号蛋鸡

京粉 2 号蛋鸡是国内培育的粉壳蛋鸡高产配套系。该品种具有以下 5 个特点。

（1）品种纯正　主要体现在体型、外貌和蛋色三个方面。商品代鸡群体型紧凑、整齐匀称，羽毛颜色均为白色，蛋壳颜色为浅褐色，色泽均匀。

（2）繁殖率高　主要体现在产蛋数多、孵化率高、健雏率高等方面。商品代蛋鸡 72 周龄产蛋 310~318 枚。产蛋总质重 19.5~20.1kg；父母代种鸡受精率 92%~94%，受精蛋孵化率 93%~96%。

（3）耐高温　适应性强，能够耐受高温、高湿的气候环境。

（4）无啄癖　性情温和，不抱窝，无啄肛、啄羽等不良习性。

（5）成活率高　育成鸡成活率为 97%~99%，蛋鸡成活率为 93%~96%，抗病性强。

[实操训练]

实训　生态鸡品种识别

（一）实训目的

通过图片或PPT资料，让学生熟悉品种的分类、不同品种的特征以及不同类型品种生产性能的表现，使学生能够正确识别各类型鸡品种，能够掌握贵州生态鸡常用品种及生产特性。

（二）教学资源

1. 材料与工具

各生态鸡品种实物、标本、标准的品种模型、图片资料、PPT。

2. 技能实训场所

校内实训基地、多媒体教室。

（三）方法与步骤

1. 鸡常见品种识别

展示或多媒体放映体型外貌典型的蛋用型、肉用型、蛋肉兼用型、观赏型鸡的标本、图片，边展示边讲授其体型外貌特征。

（1）蛋用型　体型较小，体躯较长，腿高跖细，颈细尾长，肌肉结实，羽毛紧凑。展示体型外貌典型的蛋用型品种，如海兰蛋鸡、罗曼蛋鸡、农大3号、白来航鸡等。

（2）肉用型　体型硕大，体躯宽深，腿短跖粗，颈粗尾短，肌肉丰满，羽毛蓬松。展示体型外貌典型的肉用型品种，如“882”黄鸡、瑶山鸡及鲁禽麻鸡等。

（3）蛋肉兼用型　体型外貌介于蛋用型和肉用型之间。展示体型外貌典型的兼用型品种，如汶上芦花鸡、寿光鸡、固始鸡等。

2. 贵州生态鸡养殖品种

（1）肉鸡　重点展示乌蒙乌骨鸡、赤水竹乡鸡、黔东南小香鸡、瑶山鸡等地方特色优质品种。

（2）蛋鸡　重点展示绿壳蛋鸡（含竹乡鸡）为主的地方优质品种。

（四）技能考核及实训报告

1. 技能考核

生态鸡品种识别技能考核的要求见表 3–2。

表 3–2　　生态鸡品种识别技能考核表

考核内容	考核方法	要求	时间	评分标准	扣分原因	成绩评定（100 分）
生态鸡品种识别	利用无字图片或观看多媒体进行考核；随机抽取 5 个已讲解过的生态鸡品种进行考核	能够准确识别；能够正确描述特征	10min	能够在规定时间内准确描述考核品种的名称及特征得满分	品种错误每个扣 10 分；特征描述错误每个扣 10 分	

2. 实训报告

描述贵州生态鸡品种、外貌特征、经济类型及优缺点。

项目四　生态鸡的饲养标准及饲料

[**知识目标**]

1. 了解生态鸡所需要的营养。
2. 明确生态鸡的饲养标准及使用准则。
3. 掌握林下生态放养鸡的饲料种类及饲喂方法。
4. 熟知生态鸡的饲料配制方法。

[**技能目标**]

1. 能够根据生态鸡生产性能确定营养需要。
2. 能够根据各种类型的生态鸡合理选用饲养标准。
3. 为了保证生态鸡产品的生态和绿色，能够合理准确添加天然饲料品种及使用量。
4. 能够根据鸡的类型、年龄和生产状况设计科学的饲料配方。

[**课程思政目标**]

1. 科学的饲料配比能提高饲料利用效率，降低养殖业的污染，培养学生饲料安全意识和环保意识，树立和践行“绿水青山就是金山银山”的理念。
2. 通过学习饲料配方设计，培养学生认真负责、实事求是的学习态度以及勇于创新的能力。
3. 培养学生爱岗敬业、吃苦耐劳、精益求精的工匠精神。

[**必备知识**]

一、生态鸡的饲养标准及使用准则

生态鸡所需要的营养包括代谢能、粗蛋白质、赖氨酸、甲硫氨酸、钙、有机磷等指标。生态鸡大部分营养需要由饲料来提供，饲料成本占养鸡成本的70%左右，饲料品质的好坏直接关系到鸡产品的质量。生态鸡营养需要量受到遗传特性、生理状况、饲养管理技术及环境因素的影响。具体生态放养鸡参考营养需要量见表4-1。

表4-1　生态放养鸡参考营养需要量

营养指标	5~8周龄	8周龄以上
代谢能/（MJ/kg）	12.54	12.96
粗蛋白质/%	19.00	16.00
赖氨酸/%	0.98	0.85
甲硫氨酸/%	0.40	0.32
钙/%	0.90	0.80
有机磷/%	0.40	0.35

（一）生态鸡的饲养标准

生态鸡日粮的配合十分重要。将各种不同营养成分的饲料按照一定的比例配合起来，才能达到最佳状态，获得最大的经济效益。各种类型的生态鸡对营养要求是不一样的（表4-2~表4-4），各类生态鸡的饲喂量也有差别。每只鸡每日所喂的饲料量称为日粮。日粮的供应原则是既要保证鸡的正常生理活动，满足生长发育和产蛋的需要，又不至于造成鸡过食而过肥。不同品种、不同年龄、不同生长时期、不同产蛋量及不同气温，生态鸡的觅食量也不相同。

表4-2　蛋用地方鸡生长期的饲养标准

营养指标	0~6周龄	7~14周龄	14周龄以上
代谢能/（MJ/kg）	11.88	11.88	11.72
粗蛋白质/%	19	16	12
蛋白能量比/（g/MJ）	67	56	43
亚油酸/%	1.0	1.0	0.8

表4-3　蛋用地方鸡产蛋期的饲养标准

营养指标	产蛋率80%以上	产蛋率65%~80%	产蛋率65%以下
代谢能/（MJ/kg）	11.51	11.51	11.51

续表

营养指标	产蛋率80%以上	产蛋率65%~80%	产蛋率65%以下
粗蛋白质/%	16.5	15	14
蛋白能量比/（g/MJ）	60	54	51
亚油酸/%	1.0	1.0	0.8

表4-4　　肉用地方鸡的饲养标准

营养指标	0~4周龄	4周龄以上
代谢能/（MJ/kg）	12.14	12.56
粗蛋白质/%	21	19
蛋白能量比/（g/MJ）	72	63

鸡非草食家禽，仅靠放养自由采食远不能满足其生长发育需要，需根据生态放养鸡的日龄、生长发育、林地草地类型、天气等情况进行人工补料。鸡在育雏期间以采食全价料为主，采用营养全面的饲料可以保障鸡群的健康生长。脱温放养逐渐改为全价混合粉料，现最直接办法是采用肉鸡浓缩料加玉米配制，配比为中鸡（42~63日龄）35%浓缩料和65%玉米；大鸡（64日龄~出栏）30%浓缩料和70%玉米。喂料应定时定量，不可随意改动，以增强鸡的条件反射，更换饲料需3~5d的过渡期。为减少饲料浪费，可将饲料拌湿后饲喂，但要现喂现拌。若种植有优质牧草，在饲料中添加15%~30%的优质牧草，降低养殖成本。夏秋季可以少喂，春冬季可多喂一些，每天早晨、傍晚各喂料1次。喂料量随着日龄增加，具体为5~8周龄，每天每羽喂料50~70g；9~14周龄，每天每羽喂料70~100g；15周龄至上市每天每羽喂料100~150g。

（二）生态鸡饲料的使用准则

（1）使用无有害药物和添加剂的饲料，饲料要新鲜、无霉变、不生虫和未受病原污染。

（2）饲料包装应完整，无污染、损坏和异味。

（3）饲料运输防止污染，包装完整，不使用运输畜禽的车辆运输饲料，运输工具和装卸场所定期清洗消毒。

（4）产蛋期应使用不含任何药物添加剂的饲料。

（5）饲料的储存场所要选择干燥、通风、卫生、干净的地方，并采取措施消灭苍蝇和老鼠等。

（6）用于包装、盛放原料的包装袋和容器等，要求无毒、干燥、洁净。

（7）放养区内不得将饲料、药品、消毒药、灭鼠药、灭蝇药或其他化学药物等堆放在一起。

（8）放养区内一次进（配）料不宜太多，配好的全价饲料也不要储存太久，以 15~30d 为宜。使用时按照先旧料后新料的原则。

二、林下生态放养鸡的饲料种类

（一）野生饲料

1. 野生植物性饲料

野生植物性饲料包括野草、野菜、青绿树叶以及生长在池沼和浅水中的藻类等。如豆科的苜蓿和草木樨；禾本科的狗尾草、虎尾草、稗草；野菜类的灰菜、猪毛菜、刺儿菜、马齿苋、野苋菜、苍耳、苦苣菜、牛舌菜、拉拉藤；青绿树叶有杨树叶、柳树叶、榆树叶、桑树叶、槐树叶、合欢叶、泡桐叶以及各种果树的叶；水草等。这些野生植物饲料幼嫩期粗纤维含量较少、易消化、适口性好、富含粗蛋白质和各种维生素，放养鸡吃了不但可促进生长发育，而且还少得病。

2. 野生动物性饲料

放养鸡喜食蜂、蚂蚁、蚂蚱、瓢虫、蜻蜓、各种蛾类等昆虫以及蝎子、蜈蚣、蚯蚓等爬虫和小鱼、小虾等水生动物性饲料。

（二）提高鸡肉和蛋黄颜色、风味的天然饲料

为改善鸡肉和蛋黄颜色，提高肉蛋产品的风味，满足不同地区、不同消费者的嗜好，提高鸡产品的商业价值，常常在鸡饲料中添加一些鸡产品改良剂。为了保证鸡产品的生态和绿色，应选择添加天然绿色的饲料。

1. 提高鸡肉和蛋黄颜色的天然饲料

目前常用的改善鸡肉和蛋黄颜色的天然饲料品种及使用推荐量见表 4-5。

表 4-5　提高鸡肉、蛋黄颜色的天然饲料品种及使用推荐量

品种	推荐量/%	品种	推荐量/%
黄玉米	60	松针粉	3~5
胡萝卜	5~10	银合欢	10~15
南瓜	10	青蒿粉	2~5
海藻粉	2~4	红辣椒粉	0.3

续表

品种	推荐量/%	品种	推荐量/%
苜蓿草粉	5~6	蒜辣粉（大蒜粉与辣椒粉为1∶1）	1
黑麦草粉	5	胡枝子	10~12
聚合草	5	栀子粉	0.5~1
三叶草	5~10	艾叶粉	2~3
益母草	0.5~1	黄芪粉	2~3
苋菜	2~5	苍术粉	2~5
野菊花粉	2~5	孔雀苹	0.3
万寿菊花粉	0.3	葡萄叶粉	6
金盏菊	0.2~0.3	蜂蜜	1g/（羽·d）
橘皮粉	2~5	糠虾粉	3
刺槐叶粉	5~10	蚕砂	6

2. 提高鸡肉和鸡蛋风味的天然饲料

（1）稀土元素　鸡日粮中添加稀土元素可明显提高鸡肉的香味和肉汤的滋味。

（2）中药添加剂　鸡日粮中添加适量的中药添加剂，可以提高鸡肉的鲜味、甜味和香味，去除鸡肉中的腥味。

（3）桑叶粉　在鸡饲料中添加3%的桑叶粉，可以明显提高鸡肉的风味和嫩度。

（4）大蒜　在鸡日粮中添加大蒜或大蒜粉，可使鸡肉变得更加浓香。还可消除鸡因食入鱼粉而在鸡肉中带有的鱼腥味，且对鸡的生长无不良影响。添加量为捣烂新蒜1%~2%，蒜粉0.2%。

（5）水果皮和青草　可在鸡饲料中隔日投喂香蕉皮、西瓜皮等水果皮，茅草、牛毛草等青草，可使鸡肉色泽更好，味道更佳。

（6）腐殖土　可将菜园或果园中土壤表面的腐殖土挖出，在常温下将其晒干，按照鸡饲料70%~80%、青饲料10%~20%、腐殖土5%~10%的配方，混合均匀后喂鸡，或者按照土鸡配合饲料75%、牧草饲料15%、腐殖土10%的比例混合，经充分搅拌均匀后，作为日粮喂鸡，可提高鸡肉和鸡蛋风味。

（7）青贮饲料　用80%的配合饲料、15%的青贮饲料，再加5%的青苔或植物秸秆类饲料，可使鸡肉香味增加。

（8）一些植物或植物提取物　牛至、百里香、姜黄和迷迭香等，能显著提高鸡蛋的氧化稳定性，改善鸡蛋风味。添加1%牛至、1%迷迭香或0.5%~1%姜黄于蛋鸡饲粮中，能显著降低蛋黄丙二醛含量，改善鸡蛋风味。

(9) 维生素E 维生素E主要通过防止饲粮中脂肪酸的氧化，改善鸡蛋风味。10IU/kg的维生素E即可使鸡日粮中亚麻籽最大添加量由10%提高到20%，而鸡蛋不产生异味。

（三）影响鸡蛋口味的饲料

鸡蛋的口味在很大程度上取决于饲料的种类，有些饲料可使鸡蛋的味道变差。

1. 菜籽粕

产蛋鸡食入菜籽粕后，菜籽粕中芥子碱的代谢产物——三甲胺在蛋黄中沉积，可使鸡蛋产生明显的鱼腥味。饲料中添加3%菜籽粕就能导致鸡蛋产生鱼腥味。一般采食含菜籽饼（粕）饲粮5d后，便可检测到鱼腥味鸡蛋。

2. 鱼粉

饲料中鱼粉含氧化三甲胺，在鸡体肠道微生物的作用下氧化为带鱼腥味的三甲胺，沉积于鸡蛋中引起异味。因鱼粉等级和来源不同，引起鸡蛋异味的添加量差异较大，为2.5%~20%。

3. 辣椒粉

鸡饲料中辣椒粉用量达到0.4%~1%时，蛋黄会产生轻微的苦涩味道。

4. 亚麻籽

饲粮中添加亚麻籽1%~2%，不影响鸡蛋的感官性状，而10%~20%的高添加量，会产生鱼腥味或类似油漆味的异味鸡蛋。

（四）动物性饲料

生态放养鸡以采食青草、树叶、草籽、昆虫等为主，适当补饲杂粮等食物，故生态放养鸡的生长发育可能缺乏蛋白质。因此，在生态放养鸡的补料中加入少量动物性饲料，如蝇蛆、黄粉虫、蚯蚓等，可大大改善整个日粮的营养价值，提高生产水平。其饲喂优点主要有以下几点。

(1) 蛋白质含量高，品质好，富含各种必需氨基酸，特别是植物性饲料缺乏的赖氨酸、甲硫氨酸和色氨酸等，生物学价值很高。

(2) 碳水化合物含量很少，粗纤维含量几乎为零，能量很高。

(3) 矿物质中钙、磷含量高，且比例适宜，微量元素也很丰富。

(4) 各种维生素含量丰富，特别是维生素A、维生素D和B族维生素。

(5) 含具有特殊营养作用的生长因子，能提高生态放养鸡对营养物质的利用率，抵消矿物质的毒性，并能不同程度的刺激放养鸡生长和产蛋。

1. 养蝇蛆喂鸡

（1）蝇蛆的培养　可根据实际条件用缸、盘、池、多层饲养台等培养。饲养规模较大时可直接在地面用砖砌成高 0.2m，面积 1~3m^2 的育蛆池，池壁用水泥抹实，池口用木框架钉窗纱作盖。

养殖蝇蛆的原料可灵活选用鸡粪、牛粪、屠宰场下脚料、酒糟、豆渣、麦麸等来源广泛、价格低廉的材料。原料基质要新鲜，湿度以 60%~65% 为宜，每平方米育蛆池倒入蛆料 35~40kg，厚度在 5~10cm 为宜，接种蝇卵 20 万~25 万粒，重 20~25g。蛆料厚度以发酵时的温度在 20~40℃ 为标准，夏季温度偏高，蛆料要适当薄些，冬、春季温度低，蛆料可适当增厚些。北方地区冬季一般不进行养殖。

（2）蝇蛆的收集　接种蝇卵后的 4~5d，幼虫即可发育成熟。利用蝇蛆怕光的特点，进行收集。用粪扒在蝇蛆池表层不断地扒动，促使蝇蛆往里钻，然后把表层粪料取走，反复多次，最后剩下少量粪料和蝇蛆，用 8~16 目筛分离。一般每平方米日生产蝇蛆可达到 0.5~1kg。

（3）蝇蛆喂鸡的方法　蝇蛆收集后，用清水冲洗一下即可直接喂鸡，用量可占到全部饲料的 30%。由于蝇蛆中蛋白质含量较高，其他饲料要以玉米粉、麦麸等能量饲料为主。也可将幼虫晒干或在 200~250℃ 烘干 15~20min，并可进一步加工成粉储存备用。

2. 养黄粉虫喂鸡

（1）种虫　养殖黄粉虫最重要的是种虫。经过细心挑选和饲养的成龄幼虫、蛹、成虫，都可以做种虫繁殖，不过最好还是用大龄幼虫做种虫为宜，将成龄幼虫放入盛有麦麸的木盘中喂养，待蛹羽化成成虫。

（2）饲料　黄粉虫饲料来源广泛，麦麸、农作物秸秆、青菜、杨蔓、树叶和野草等都可。通常黄粉虫主要饲喂麦麸，也可辅以糠麸等。青菜主要是白菜、萝卜、甘蓝等叶菜。为加快繁殖生长，可在饲料中添加少量葡萄糖粉、鱼粉等。

（3）设备　黄粉虫的饲养房要透光、通风、保暖，温度在 15~25℃，空气相对湿度控制在 60%~70%。面积大小可视黄粉虫的养殖规模而定。一般一间 20m^2 的房间能养 300~500 盘。用于饲养黄粉虫的抽屉状木质饲养盘规格为 50cm×40cm×8cm，板厚 1.5cm。筛盘规格为 45cm×35cm×6cm，板厚 1.5cm，底部为 12 目铁筛网，放于饲养盘中。饲养盘要放在木架上。用方木将木架连接起来固定好，防止歪斜或倾倒，然后按顺序把饲养盘排放上架。

要准备几种不同目数的铁筛网，其中 12 目的可以筛虫卵，30 目的用于筛虫粪，60 目的筛网用于筛 1~2 龄幼虫。

（4）饲养管理技术要点　不同的虫期饲养管理方法不同。

①成虫期：蛹羽化成成虫需要3~7d。雌、雄成虫群集交尾都在暗处，雌虫尾部插在筛孔中产卵，这个时期不要随意搅动，发现筛盘底部附着一层卵粒时，就可以将成虫筛出后放在盛有饲料的另一盘中，每5~7d换1次卵盘。产卵期的成虫需要及时添加麦麸和鲜菜，也可增加点鱼粉。若营养不足，成虫间会互相咬杀。

②卵期：将换下的卵盘上架，可自然孵化出幼虫。孵化时不要翻动，防止损失卵粒或伤害正在孵化中的幼虫。当饲料表层出现幼虫皮时，表明1龄幼虫已孵化。

③幼虫期：孵化7~9d后，待虫体体长达0.5cm以上时，再在木盘中添加麦麸和鲜菜。每个木盘中放幼虫1kg，密度不宜过大，并随着幼虫逐渐长大及时分盘。盘中饲料逐渐减少时，用筛子筛掉虫粪，再添加新饲料。1~2龄幼虫筛粪，应选用60目筛网，以防止幼虫漏掉。黄粉虫幼虫平均9d蜕一次皮，生长期要蜕7次皮。

④蛹期：化蛹前，幼虫爬到饲料表层静卧，在最后一次蜕皮过程中完成化蛹。化成的蛹从白黄色逐渐变成暗黄色，蛹体逐渐缩短。挑蛹时要将在2d内化的蛹放在盛有饲料的同一筛盘中，坚持同步繁殖，集中羽化为成虫。

3. 养蚯蚓喂鸡

（1）环境要求　养殖蚯蚓的适宜温度为15~30℃，空气相对湿度为50%~80%，环境pH在6~8时较适宜。蚯蚓要求环境通气良好。蚯蚓对光线反应敏感，适宜照度为32~65lx，喜无光或暗光，严禁紫外光照射。夏天要注意防高温，防日光直射，冬天防冻。

（2）饵料搭配　饵料既是蚯蚓的食物，又是其生活环境。蚯蚓饲料来源广泛，如稻草、麦秸、野草、糠类、糟粕类、畜禽粪等均可作为蚯蚓的饲料来源，蚯蚓的饲料搭配至关重要，下面介绍几种配方供参考。

①牛粪20%，猪粪20%，鸡粪20%，稻草屑40%，混合后充分发酵。

②干牛粪60%，碎草40%。

③沼气池残渣60%，垃圾20%，秸秆或食用菌渣20%。

④牛粪20%，羊粪10%，活性泥40%，垃圾30%。

另外，在实践中发现，在饵料中添加香蕉皮、西瓜皮、烂苹果、烂梨等，效果非常好。

（3）养殖方式

①简易养殖：利用房前屋后空地挖坑建池，池深0.5~0.6m，此种方式要注意遮阳、防雨、防冻和防天敌。或就地取材，利用旧箱、筐、盆、罐子、桶等容器饲养，此法简单，易于管理。

②田间养殖：利用果园、菜园、农田等田间空隙，挖一条长3~4m、宽

1m、深0.3~0.4m的沟槽，投入腐熟的蚯蚓饲料，再放入蚯蚓，表层用麦秸或稻草覆盖。平时注意保持一定的湿度。

③工厂化养殖：此法适用于养殖生产性能较高的蚯蚓，如大平二号、赤子爱胜蚓、红色爱胜蚓等。可利用普通房间、塑料大棚或半地下温室，进行周年生产。养殖床宽1.5m、深0.4m左右，也可用竹、木、塑料制的箱子，大小以两个人能搬动为宜，规格为60cm×（30~40）cm×20cm，立体叠放，可放4~5层。

（4）采收　当养殖床内的蚯蚓大多数达到400mg，而且密度较大时（1.5万~2万条/m^2），就应及时采收部分成蚓。室内床养、箱养或池养的，利用蚯蚓的避光性，将饲料中聚集成团的蚯蚓放在口径为5mm的大筛子上，筛子下面放容器，光照使之钻到下面的容器内。田间养殖可利用蚯蚓夜间爬到地表采食的活动习性，在夜间三点到四点时携带弱光电筒采收，也可用水灌法使蚯蚓大量爬出捕捉。

（5）给鸡饲喂蚯蚓的方法　蚯蚓可以鲜喂或烘干粉碎制成蚯蚓粉饲喂。鲜喂时为防止蚯蚓传播寄生虫，最好应先漂洗干净并加热煮沸5~7min，有效杀死蚯蚓体内外寄生虫，切成小段再饲喂。饲喂时以达到饲料量的5%较好。

三、生态鸡的饲料配制

在配制配合饲料时，首先根据鸡的类型、年龄和生产状况，再参考饲养标准进行配制。

（一）配制生态鸡日粮的注意事项

生态鸡类型繁多，且多为地方品种，这给饲养标准的制定造成了困难，目前国家尚未颁布生态鸡饲养标准。生态鸡的生产实践中，各地可参照我国鸡的饲养标准，经过实践验证，提出适合当地的参考标准。这样，可以合理地饲养生态鸡，使其正常的生长发育，充分发挥其生长潜力，又不至于浪费饲料，以最少的饲料消耗，获得较多、较好的产品。

目前配制的生态鸡日粮及精料补充料，在具体应用时，应灵活掌握，根据鸡的类型、日龄、放养环境、原料组成等加以调整，不要机械地照搬。

1. 饲料原料要多样化

任何单一饲料都不能满足生态鸡的需要。所以要结合本地的饲料资源，选择一些适口性好、营养价值高、价格低廉的农副产品作为配制饲料的原料，理论上饲料的种类越多越好。

2. 合理把握，科学配制

在配制生态鸡各个阶段需要的日粮时，对饲料中各种营养成分要合理把握，科学配制。尤其是饼粕类的蛋白质饲料，最好是几种饼粕类同时使用，使饲料中氨基酸趋于平衡，以提高蛋白质的利用率。菜籽饼、棉籽饼有毒，最好脱毒后再用。未经脱毒处理的，最多只能占日粮的 5%，脱毒后可增至 15%~20%。豆饼要用熟豆饼。

3. 饲料配制要保持新鲜

不要一次性配料太多，否则不能保持饲料的新鲜，特别是维生素成分混入后放置过久，容易氧化失效。配制的饲料储藏时间不能过长，应根据用量的多少配制 1~2 周的饲料，喂完后再配。发霉变质的饲料不能使用。

4. 饲料配制要搅拌均匀

饲料配制时应搅拌均匀，可以采用机械搅拌与手工搅拌两种方式。配方中比例较少的成分应采用逐级预混方法，如禽用多维、微量元素添加剂等，要先与少量饲料混合均匀，经从少到多几次逐级拌和，才能混入大量饲料中。

5. 饲料配方要相对稳定

频繁变动饲料配方和原料，会造成生态鸡的消化不良，影响其生长和产蛋的性能。

6. 青饲料添加

青饲料的用量一般占每日饲料的 20%~30%。没有青饲料的季节，配合饲料中应添加多种维生素。

（二）实用日粮配方

生态鸡产蛋期营养推荐量与笼养蛋鸡相同阶段的营养标准比较，能量需求高出大约 5%，蛋白质降低了大约 1%，钙水平和必需氨基酸含量有所降低，有效磷含量相对一致。这是根据生态鸡的特点制定的。放养鸡活动量大，能量消耗多，采食的优质牧草较多，氨基酸比较好，产蛋率较低，从野外获得的矿物质较多。根据实践经验，这样的营养浓度可获得较理想的饲养效果。一般日粮中，各类饲料配合比例见表 4-6。

表 4-6　　生态放养鸡配合饲料中各类饲料的大致比例

饲料种类	配比/%
谷物饲料（三种以上为宜）	55~70
糠麸类	5~15
植物性蛋白质饲料	15~25
动物性蛋白质饲料	5~10
矿物质饲料	5~7

续表

饲料种类	配比/%
干草粉	2~5
微量元素和维生素添加剂	1
青饲料（两种以上为宜，按精料的总量加喂，用维生素添加剂时可不喂）	30~35

以下为蛋用生态鸡的几个饲料配方，仅供参考。

（1）蛋用雏鸡（适用于1~3周龄）　玉米62%、小米4%、高粱3%、麦麸4%、豆饼12%、鱼粉6%、骨肉粉7%、石粉1%、骨粉0.7%、食盐0.3%。

（2）蛋用雏鸡（适用于4~6周龄）　玉米62%、高粱4%、麦麸6%、豆饼16%、花生饼4%、棉籽饼2%（棉籽饼用前须脱毒）、鱼粉4%、贝壳粉1%、骨粉0.7%、食盐0.3%。

（3）蛋用育成鸡（适用于7~14周龄）　玉米60%、米糠4%、高粱4%、红薯干8%、豆饼8%、花生饼7%、棉籽饼3%（棉籽饼用前须脱毒）、鱼粉4%、骨粉1%、贝壳粉0.7%、食盐0.3%。

（4）蛋用育成鸡（适用于15~25周龄）　玉米65%、麦麸15%、大麦5%、豆饼6%、棉籽饼3%（棉籽饼用前须脱毒）、鱼粉3%、贝壳粉1.5%、骨粉1.2%、食盐0.3%。

（5）产蛋鸡（适用于产蛋率50%以上的配方）　玉米56%、麦麸6%、高粱4%、豆饼20%、棉籽饼3%（棉籽饼用前须脱毒）、鱼粉5%、骨粉2%、贝壳粉3.7%、食盐0.3%。

（6）产蛋鸡（适用于产蛋率85%以上的配方）　玉米50%、麦麸4%、高粱4%、豆饼20%、棉籽饼4%（棉籽饼用前须脱毒）、花生饼4%、鱼粉5%、血粉1.5%、骨粉2%、贝壳粉5%、食盐0.3%、甲硫氨酸0.2%。

还有一些养殖场（户），采用其他的配方技术，产蛋期推荐饲料配方及营养水平见表4-7和表4-8。

表4-7　生态放养鸡不同产蛋期饲料配方

饲料原料	饲料配比/%		
	开产期	产蛋高峰期	其他产蛋期
玉米	61	55.7	57
次粉	10	8	10.7
豆粕	8	11.5	8
棉籽饼	2	0	2

续表

饲料原料	饲料配比/%		
	开产期	产蛋高峰期	其他产蛋期
花生仁饼	8	8	8
国产鱼粉	2. 2	4	3
磷酸氢钙	1. 3	1. 2	1. 2
石粉	5. 49	7. 7	7. 15
甲硫氨酸	0. 1	0. 1	0. 1
赖氨酸	0. 11	0	0. 05
植物油	1	3	2
添加剂	0. 5	0. 5	0. 5
食盐	0. 3	0. 3	0. 3

表 4-8　　生态放养鸡不同产蛋期营养水平

营养水平	开产期	产蛋高峰期	其他产蛋期
代谢能/（MJ/kg）	12. 05	12. 18	12. 2
粗蛋白	16	17	16. 1
钙	2. 4	3. 2	3
有效磷	0. 43	0. 45	0. 43
赖氨酸	0. 74	0. 75	0. 71
甲硫氨酸	0. 35	0. 38	0. 38
甲硫氨酸+胱氨酸	0. 62	0. 65	0. 62

项目五　生态鸡育雏及育成鸡的培育

[**知识目标**]

1. 熟悉雏鸡的生理特点及育雏前的各项准备工作。

2. 掌握初生雏的分级标准，开展雏鸡的挑选，掌握育雏期的饲养管理技术。

3. 掌握育成鸡的生理特点及育成鸡的饲养管理技术。

[**技能目标**]

1. 能够合理制定育雏计划。

2. 能够对育雏成绩进行判定。

3. 掌握初生雏鸡雌雄鉴别技术。

4. 能够开展鸡的断喙操作。

5. 能够对鸡进行称重及均匀度的测定。

[**课程思政目标**]

1. 培养学生的团队意识，提高与人沟通、协作的素质。

2. 培养学生动手操作的能力，提高学生认真负责、精益求精的学习态度。

3. 培养学生爱岗敬业、吃苦耐劳的工匠精神。

4. 培养学生“大国三农”情怀，增强服务农业现代化、助力乡村振兴的责任感和使命感。

[**必备知识**]

一、育雏前的准备

雏鸡对各种疾病的抵抗力差，鸡只的各方面功能还不完善。因此，育雏前的准备工作十分重要。

（一）雏鸡的生理特点

1. 幼雏体温较低，体温调节机能不完善

初生雏的体温较成年鸡低2~3℃，4日龄开始慢慢上升，到10日龄时达到成年鸡体温，到3周龄左右，体温调节机能逐渐趋于完善，7~8周龄以后才具有适应外界环境温度变化的能力。幼雏绒毛稀短，皮薄，早期自身难以御寒。因此，育雏早期要注意保温防寒。

2. 雏鸡生长迅速，代谢旺盛

蛋用雏鸡2周龄体重约为初生时的2倍，6周龄为10倍，8周龄为15倍；肉用雏鸡生长更快，相应为4倍、32倍及50倍。以后生长速度随日龄增长而逐渐减慢。雏鸡代谢旺盛，心跳快，每分钟脉搏可达250~350次，刚出壳时可达560次/min，安静时单位体重耗氧量比家畜高1倍以上，雏鸡每小时的产热量为5.5cal/g（1cal/g=4186.8J/kg），为成年鸡的2倍，所以既要保证雏鸡的营养需要，又要保证良好的空气质量。

3. 幼雏羽毛生长快、更换勤

雏鸡3周龄时羽毛为体重的4%，4周龄时为7%，以后大致不变。从出壳到20周龄，鸡要更换4次羽毛，分别在4~5周龄、7~8周龄、12~13周龄和18~20周龄。羽毛中蛋白质含量高达80%~82%，为肉、蛋的4~5倍。因此，雏鸡日粮的蛋白质（尤其是含硫氨基酸）水平要高。

4. 消化系统发育不健全

幼雏胃肠容积小，进食量有限，消化腺也不发达（缺乏某些消化酶），肌胃研磨能力差，消化力弱。因此，要注意饲喂纤维含量低、易消化的饲料，并且要少喂勤添。

5. 抵抗力弱，敏感性强

雏鸡免疫机能较差，约10日龄才开始产生自身抗体，产生的抗体较少，出壳后母源抗体也日渐衰减，3周龄左右母源抗体降至最低，故10~21日龄为危险期，雏鸡对各种疾病和不良环境的抵抗力弱，对饲料中各种营养物质缺乏或有毒药物的过量反应敏感。所以，要做好疫苗接种和药物防病工作，搞好环境净化，保证饲料营养全面，投药均匀适量。

6. 雏鸡易受惊吓，缺乏自卫能力

各种异常声响以及新奇的颜色都会引起雏鸡骚乱不安，因此，育雏环境要安静，并有防止兽害设施。

（二）育雏方式

雏鸡运输到目的地后，就要尽快将其运到育雏室，放在育雏床上。放雏时要将雏鸡平均放到每一个格内，避免某一个格内密度过大。在将雏鸡放好后，还要注意观察雏鸡是否有扎堆现象。如果扎堆就说明育雏室的温度过低，要马上进行升温处理，直到雏鸡平均散开并且不扎堆为止。

在雏鸡进入育雏室前3个小时内，不得饮水和投喂饲料，以免使雏鸡产生应激反应。引入的雏鸡一般多为1日龄的雏鸡。所以，要坚持先饮水后开食的原则。

1. 地面育雏

将雏鸡饲养在铺有厚3~5cm的垫草上，在水泥地面上或者是在地势高、干燥的地方。这种饲养方式适合鸡的生活习性，可增加雏鸡的运动量，减少雏鸡啄羽的发生。但需要大量的垫料，且容易引起舍内潮湿，需保持舍内通风良好，3~5d过后，应逐渐增加雏鸡在舍外的活动时间，以保持舍内垫草的干燥。

（1）地面育雏的优点　饲养人员与雏鸡直接接触，平时不清除粪便，仅对个别地方更换，不清除垫料，省工省时；春季可以利用垫料发酵产热而提高舍温；雏鸡在垫料上活动量增加，体质健壮。

（2）地面育雏的缺点　雏鸡与粪便直接接触，球虫病发病率较高，其他传染病易流行，饲养密度较小。此种方式占地面积大，管理不方便，雏鸡易患病，所以只适于小规模、暂无条件的鸡养殖场采用。

2. 网上育雏

将雏鸡饲养在离地高50~60cm的铁丝网或竹板网上［网眼（1.1~1.25）cm×（1.1~1.25）cm］。此种饲养方式优于地面饲养，雏鸡成活率较高。在同等热源的情况下，网上温度可比地面温度高6~8℃，且温度均匀，利于雏鸡生长，又可防止雏鸡扎堆、踩伤、压死等；同时减少了雏鸡与粪便接触的机会，提高了成活率。网上育雏在寒冷的冬季为防止雏鸡腹部受寒，需要在网面上雏鸡休息处铺纤维布或纸。

（1）网上育雏的优点　便于管理；可节省大量垫料；鸡粪可落入网下，减少了球虫病及其他疾病传播的机会。

（2）网上育雏的缺点　占用鸡舍的面积较大，能源消耗较多。

3. 网上育雏与地面育雏相结合

雏鸡出壳后往往需要较高的育雏温度，网上育雏容易满足雏鸡对温度的需求，成活率较高。但雏鸡在网上饲养到4~5日龄后，在保证营养供给的情况下，易发生啄羽等现象，因此雏鸡在网上饲养至4~5日龄时转入地面育雏。该育雏方式结合了两种育雏方式的优点，还可避免雏鸡发生啄羽等现象。

4. 立体笼养育雏

立体笼养只在特制的笼中养育雏鸡（图 5-1）。育雏笼由笼架、笼体、料槽和承粪盘（板）组成。一般笼架长 2m，高 1.5m，宽 0.5m，离地面 30cm，每层的高度约为 40cm，共分 3 层，每层 4 笼，每架 12 笼，在上、下笼之间留有 10cm 的空间，以放入承粪盘（板）。承粪盘（板）可以是固定的，用刮粪板刮粪；也可以是活动的，可每日或隔日定期调换清粪，实际使用以活动的较好用。目前，塑料育雏笼或机械化生产的定型育雏笼产品市场上有很多厂家有售，可供养殖户选择。

（1）立体笼养优点　能经济利用鸡舍的单位面积，节省电量和能源，提高劳动生产率，还可有效控制球虫病的发生和蔓延。

（2）立体笼养缺点　一次性投资较大。

（1）

（2）

图 5-1　立体笼架

（三）育雏供暖方式

育雏舍的供暖方式很多，根据热源不同，供暖方式有火墙、烟道、煤炉、电热伞、红外线灯等。在进雏的前一天，育雏舍就要采取保暖和升温措施，使得育雏舍的温度保持在 30～32℃。并且在育雏的前一周应将窗户封闭好，避免凉风直吹，但要留有通风孔。

1. 火墙育雏

把育雏室的隔墙砌作火墙，内设烟道，炉口设在室外走廊里，雏鸡靠火墙壁上散发出来的温度取暖。这种育雏方式的升温速度较快，室温比较稳定，热效率高，费用较低，育雏管理较方便。

2. 烟道育雏

烟道可分为地上烟道和地下烟道两种。地上烟道，用砖或土坯砌成烟道，几条烟道最后会合到一起，并设有集烟柜和烟囱通出室外。一般在烟道上加罩子，雏鸡养在罩下，称为火笼育雏。地下烟道，室内可利用面积较大，温度均匀平稳，地面干燥，便于管理。一般地下烟道比地上烟道要好。缺点是燃料消耗量大，烧火较不方便。

3. 煤炉育雏

煤炉是最常用的加温设备，结构与冬季居民家中取暖用的火炉相同，以煤为燃料。火炉上设铁皮制成的平面盖或伞形罩，留出气孔，和通风管道连接，排烟管伸出通往室外。煤炉下部有一进气口，通过调节管口大小来控制进风量，控制炉火温度。保温良好的鸡舍，每 20~30m^2 设置一个煤炉即可。煤炉育雏保温性能较好，经济实用，但温度控制不便。用煤炉时要注意预防煤气中毒及火灾。

4. 电热伞育雏

电热伞是伞面由铁皮、铝皮、防火纤维板等制成的一个伞形育雏器，伞内用电热丝供热，并有控温调节装置，可按雏鸡日龄所需的温度调节、控制温度。伞四周用护板或围栏圈起来，随着日龄增加逐渐扩大面积。每个电热伞可育雏 250~300 羽。电热伞适合平面育雏使用。优点是温度稳定，容易调节，管理方便，室内清洁，育雏效果良好。缺点是电热伞育雏时伞下温度较高，周围余热少，鸡舍需另设火炉以升高室温。

5. 红外线灯育雏

在育雏舍内安装一定数量的红外线灯，靠红外线灯发出的热量来育雏。灯泡规格常为 250W，一般悬挂高度为 30~50cm。优点是温度相对稳定，室内清洁，但灯泡容易损坏、耗电量多、成本高。红外线灯的保温与雏鸡的数量与室温有关。用红外线灯供暖在舍温较高时效果好，冬季须与火炉或地下烟道供温方法结合使用。远红外线灯供热育雏，热效率高，比红外线灯育雏省电。

6. 地下暖管取暖育雏

在鸡舍建筑时，于育雏舍地面下埋入循环管道，管道上铺盖导热材料。管道的循环长度和管道间隔可根据需要设计。其可用暖气、地热资源或工业废热水循环散热加温。这种方法的优点是热量散发均匀，地面和垫料干燥，几乎所有的雏鸡都有舒适的生活环境，可获得比较理想的育雏效果。如果利用工业废水循环加热，则可节省能源和育雏成本，比较适用于工矿企业的鸡养殖场。

（四）育雏计划的制订

育雏过程中经常可能出现问题，如果只是跟在问题后面，无计划地管理鸡群，就很难养好鸡，而鸡群一旦出现问题或发病，损失常常是无可挽回的。所以在育雏之前，应该有一个详尽的育雏计划。

育雏计划应该是在尽可能多地收集信息和情报资料的基础上来制订。如本场前几批鸡生产过程中常出现的问题和成功的经验，周围鸡养殖场和养鸡户的经验教训和现状，市场的变动趋势等。

1. 计划进雏数量

不能因为鸡蛋行情好，或是雏鸡价格低而超出鸡舍育雏能力进雏鸡，饲养密度过大不可能培育出健康和高产的鸡群。确定进雏数量时，必须对5个月之后的鸡蛋行情有一个比较科学的预测，在前景不太乐观的时期，适当缩小规模，可避免过多的损失。

2. 进雏时机

应该尽可能地避开不利于育雏的严冬和酷暑时期进雏；应尽可能地让这批鸡在一年之中鸡蛋行情较好的季节开产；要考虑育雏舍的周转情况，育雏舍必须有充裕的清扫、消毒、空舍的时间，不能在没有做好准备的情况下勉强进雏。

3. 其他应该事先确定的计划

选定进雏的品种、购雏的种鸡场；育雏方式的选定；开食方法、开食时间，3日龄内饲料、饮水中的添加物；根据育雏季节确定温度湿度的控制计划，确定通风换气方式等鸡舍环境控制计划；饲料营养、每日的饲喂量、饲喂方法的选定，确定营养管理计划；断喙的时间和方法；根据育雏季节确定光照管理计划；确定控制疾病发生的具体措施；免疫程序的选定；根据季节制订各周龄的标准体重和达到标准体重的具体措施等。

以上是育雏计划制订中需要我们考虑的三个要点。在养殖中，不管养殖规模怎样，都需要制订切实、适合的育雏计划，也只有做好计划，才能使养殖带来最大化的回报。

（五）育雏室及设备的准备与消毒

1. 准备

育雏室既要保温良好，又要具有调节空气的功能。使用前要进行认真检修，彻底打扫干净，准备消毒。室内采暖设备要事先检查修理好。料槽、饮水器等也要进行检修，且数量充足。

2. 清洗、消毒

育雏室及所有用具设备均要在进雏前进行彻底的清洗和消毒。尤其是使用过的育雏室，每批育雏鸡苗转出后，先清扫育雏室内的灰尘、粪渣、羽毛、垫料等杂物，然后用高压水枪进行冲洗。冲洗的顺序：屋顶、墙壁、设备、用具、地面、下水道。

育雏室的墙壁可用3%克辽林溶液消毒后，再用10%的生石灰乳刷白。地面可用2%氢氧化钠溶液喷洒。笼具、料槽和饮水器等用具可用1%的氢氧化钠溶液消毒，然后用清水冲洗后再在日光下晒干。最后，将所有的育雏用具安放在育雏室内，门窗全部封闭，用三氯异氰尿酸粉烟熏剂进行熏蒸。

熏蒸消毒操作程序包括以下几个步骤。

（1）清扫干净消毒场地　熏蒸前对鸡舍（育雏室）地面、墙壁和天花板等处进行彻底清扫，包括粪便、饲料残渣、灰尘、蜘蛛网等；然后用高压清洗机对其进行冲洗，确保室内清洁无死角。舍内垫料和工具设备（如饮水器、料桶、料槽、开食盘等）也应冲刷干净。

（2）对消毒场地进行密封　熏蒸消毒前，除供熏蒸人员出入的舍（室）门外，鸡舍（育雏室）其他门窗缝隙、墙壁裂缝、天窗等都用塑料布或纸条密封好，避免留有空隙而降低舍内有效消毒浓度，影响消毒效果。

（3）准备好药物及容器　每立方米空间的消毒用药量为 15g 高锰酸钾加 30mL 福尔马林溶液。由于高锰酸钾受到国家管控，现多使用三氯异氰脲酸粉烟熏剂。每袋可熏蒸 400~500m^3 鸡舍。如果消毒空间较大，药量较多，需要放置多个容器。盛放药品的容器应足够大、足够深，且开口要大。

（4）熏蒸方法

①福尔马林-高锰酸钾熏蒸消毒法：使用耐腐蚀或耐热的陶瓷、玻璃或搪瓷等器具，也可用铁桶，先加少量温水，再加高锰酸钾，最后加入福尔马林溶液。如是多个容器，消毒液应从鸡舍最内部开始，向外部依次倾倒。消毒容器要均匀地置于鸡舍内，并尽量靠近门口，以便甲醛气体更好地弥漫于整个鸡舍空间，也有利于工作人员操作结束后迅速撤离。尽量避免或减少人与福尔马林的接触，确保人身安全。

②三氯异氰脲酸粉烟熏剂熏蒸消毒法：根据鸡舍大小准备好三氯异氰脲酸粉烟熏剂，打开烟熏剂外包装袋，内有 100g 三氯异氰脲酸和 100g 助燃剂各 1 袋，先将两小袋内容物混合均匀，再将药物直接放在要消毒的鸡舍地面上，均匀放置几堆，关闭门窗，点燃药剂后人立即离开，24h 后打开门窗，通风换气。

（5）排净异味　熏蒸消毒后，应打开门窗或排风扇通风换气 3~5d，以降低烟熏剂的浓度。

（六）饲料、药品的准备

进雏前备好营养全价、无霉变、适口性好、易消化的雏鸡饲料。地面育雏时，在地面上铺一层 5~10cm 的垫料（如木屑、稻壳、刨花等），厚度要均匀，所用垫料要求干燥、松软、洁净、吸水性强、不霉烂、无异味，使用前可在阳光下暴晒消毒。此外，还要准备好各种药品、疫苗、添加剂等。

（七）育雏室试温与预热

无论采用哪种育雏方式，进雏前1~2d对育雏室进行预热升温，同时检查升温、保温效果，及时调整，以达到标准要求。检查相对湿度是否适宜，育雏前期因高温，用水量少，普遍干燥，注意加湿。

预热可避免舍内低温给雏鸡带来的消化不良、卵黄吸收不好、扎堆致死、腹泻类疾病和呼吸道疾病等危害，提高雏鸡的成活率、生长速度、健康水平和均匀度。育雏前2d开始预热，可以提前使鸡舍墙壁、火炉、地面、用具中过多的水分尽快蒸发、加快鸡舍和外界的空气形成对流、加快流通，空气流通的同时将鸡舍内的水蒸气和不良气体出雏鸡舍，使外界的新鲜空气进入鸡舍，给雏鸡创造一个舒适的生活环境。预热可以预防引进雏鸡后升温带来的烟雾刺激、一氧化碳中毒或火灾等不良现象，因为育雏升温大部分用的是火炉或电炉，当用火炉加热时因炉子、墙壁或地面的相对湿度太大容易产生较多的烟雾和湿气，这些烟雾可诱发相关的雏鸡呼吸道疾病和眼结膜的炎症；当用电炉加热时因长时间、大功率用电极易引起火灾。预热可以有效检验增温保暖设施设备性能的可靠性，在出现性能不可靠的情况下可以腾出时间维修，避免在育雏期间因维修时不能增温或保暖而使育雏舍内的温度过低带来相应的不良反应。

二、雏鸡的培育

（一）雏鸡的挑选

购买雏鸡时，一定要到信誉度好的孵化场预购。应选择1日龄的健雏，这是提高成活率的关键。育雏要实行全进全出的方式，避免疫病交叉感染。在进雏时还要识别选择是鉴别雏还是混合雏。一般鉴别雏为单一品种，是经过人工鉴别的雏鸡，母鸡在95%以上，但价格相对较高。而混合雏是未经过鉴别的雏鸡，一般品种比较杂，母鸡的比例在60%左右，价格也相对较低。

挑选雏鸡方法包括以下几方面。

1. 看

看就是观察雏鸡的精神状态。健雏活泼好动，眼亮有神，羽毛整洁光亮，腹部收缩良好；弱雏通常缩头闭眼、伏卧不动，羽毛蓬乱不洁，腹大松弛，腹部无毛且脐部愈合不好，有血迹、发红、发黑、疔脐、血脐等。

2. 听

听就是听雏鸡的叫声。健雏叫声洪亮清脆有力；弱雏叫声微弱、嘶哑，虽鸣叫不休，但有气无力。

3. 摸

摸就是触摸雏鸡的体表、腹部等。随机抽取不同盒里的一些雏鸡，握于掌中，若感到温暖，体态匀称，腹部柔软平坦，挣扎有力的便是健雏。相反，如果感到鸡身较凉、瘦小、轻飘、挣扎无力，腹大或脐部愈合不良的就是弱雏。

4. 问

问就是询问种蛋来源、孵化情况以及马立克氏病疫苗注射情况等。来源于高产健康适龄种鸡群的种蛋，孵化过程正常，出雏多且整齐的雏鸡一般质量较好；反之，雏鸡质量较差。初生雏的分级标准见表 5-1。

表 5-1　初生雏的分级标准

指标	健雏	弱雏	残次雏
精神状态	活泼好动、眼亮有神	眼小细长、呆立嗜睡	不睁眼或单眼、瞎眼
体重	符合本品种要求	过小或基本符合本品种要求	过小、干瘪
腹部	大小适合、平坦柔软	过大或较小，肛门污染	过大或软或硬、青色
脐部	收缩良好	收缩不良、肚脐潮湿等	蛋黄吸收不完全、血脐、疔脐
绒毛	长短适中，毛色光亮，符合品种标准	或长或短、质脆、色深或浅、沾污	火烧毛、卷毛、无毛
双脚	两肢健壮、行动稳健	站立不稳、喜卧、行走蹒跚	弯趾跛腿、站不起来
畸形	无	无	有
脱水	无	有	严重
活力	挣脱有力	挣脱力气小	软绵无力、似棉花状

（二）育雏期饲养管理

1. 开饮

(1) 开饮方法　饮水是育雏的关键，先饮水后开食是育雏的基本原则之一，因雏鸡出壳后体内的水分大量消耗。据研究报道，出雏 24h 后体内的水分消耗 8%，48h 后消耗 15%。所以，雏鸡进入鸡舍后应及时先开饮然后再开食。这样有利于促进肠道蠕动，有利于吸收残留卵黄排除粪便，有利于增进食欲和饲料的消化吸收。

雏鸡出壳后，应尽早供给清洁的饮水。前一周饮用温开水，水温 18～20℃，水量控制在 2h 内饮完为宜。开饮水中需要添加糖分、抗菌药物、多种维生素。可在水中加5%的葡萄糖，起到速效补充能量作用，以利于体力恢复，消除应激反应，并使开食顺利进行。同时投给吸收利用良好的水溶性维生素，能增强其抗病力。饮水加糖、加抗菌药物能提高雏鸡成活率和促进生长，但要注意以不影响饮水的适口性为好。药物不应连续使用，一般连用3～5d，停药7d。为保证水质，要求现用现配，搅拌均匀。在对雏鸡进行免疫、断喙、转群等的前一天，也应在饮水中加入维生素，连用3d，以缓解鸡的应激反应。

（2）饮水调教　要尽快让雏鸡学会饮水。调教的方法：轻握雏鸡，手心对着鸡背部，拇指和中指轻轻扣住颈部，食指轻按头部，将其喙部按入水盘，注意不要让水淹没鼻孔，然后迅速让鸡头抬起，雏鸡就会吞咽进入嘴内的水。如此做3～4次，雏鸡就能够自己饮水。一个笼内有几只雏鸡会饮水之后，其余的鸡就会跟着迅速学会。引导饮水方法的最佳时机是雏鸡进舍，把雏鸡的嘴放在水中蘸一下，雏鸡就能很快学会饮水。

2. 开食

（1）开食方法　雏鸡的第一次饲喂称开食。开食不宜过早，因为此时雏鸡体内还有部分卵黄尚未被吸收，饲喂太早不利于卵黄的完全吸收。一般来讲，在出壳后16～28h内开食，对雏鸡的生长是有利的；实际饲养中，在开饮后2～4h进行或当发现鸡群有1/3雏鸡有行走觅食表现时进行。开食一般是把饲料撒在硬纸上或浅盘中，放在光线明亮的地方，任其啄食。注意少喂多添，要保证所有雏鸡能同时吃到小鸡料。1周龄后换用小型料槽或料桶。每次加料前要检查上次喂料后的采食情况，根据有无剩料或剩料多少，决定下次加料数量。

（2）开食的饲料要求　开食的饲料要新鲜，营养丰富，容易消化，颗粒大小适中，最好用破碎的颗粒料，易于啄食。如果用全价粉料最好是湿拌料。生产中雏鸡开食常用小粒的玉米糁子、小米、碎米等，可干喂，也可用水浸泡后饲喂。为防止饲料粘嘴和因蛋白质过高使尿酸盐沉积而造成糊肛，可在饲料的表面撒一层碎米或小米（用温开水浸泡过更好）。

3. 适宜环境控制

适宜的环境控制就是要为雏鸡提供适宜的环境温度，控制适宜的环境湿度，加强通风换气，安排合理的饲养密度，掌握光照时间和强度，即育雏“五要素”。

（1）温度　适宜的温度是保证雏鸡成活的首要条件。因为雏鸡体温调节功能不完善，既怕冷又怕热。环境温度过高影响鸡只体热和水分的散发，体温平衡紊乱，食欲减退，生长发育迟缓，死亡率增加。如果环境温度过低，雏鸡扎堆，行动不灵活，采食、饮水均受到影响。如果环境温度过高而后又突然下降，雏鸡受冷，容易发生鸡白痢。因此，掌握和控制好温度是育雏成功的关键。

育雏的环境温度要求均匀、恒定，切忌忽高忽低。前 3d 以 33～35℃为宜，第 4~7 天，以 30～33℃为宜，第 2 周起每周降 2～3℃，第 4 周逐渐过渡到自然环境温度。生产中注意观察雏鸡状态，若雏鸡活泼好动，精神旺盛，食欲良好，饮水适度，羽毛光滑整齐，睡眠安静，叫声响亮，粪便正常，睡觉时伸头缩腿，均匀地分布在热源的周围，则表示温度适宜；若发现雏鸡远离热源、嘴和翅膀张开，张口呼吸、尖叫，频频喝水，则说明温度过高；若雏鸡拥挤扎堆，紧靠热源，羽毛竖立，行动迟缓、缩颈拱背，闭眼尖叫，睡眠不安，则说明温度过低；有贼风时，在避开贼风处挤成一团，此时需要及时调整。

育雏期的适宜温度及高、低温极限值见表 5-2。

表 5-2　育雏期的适宜温度及高、低温极限值

温度	0 周龄	1 周龄	2 周龄	3 周龄	4 周龄	5 周龄	6 周龄
适宜温度/℃	33～35	30～33	29～30	27～28	24～26	21～23	18～20
高温极限/℃	38.5	37	34.5	33	31	30	29.5
低温极限/℃	27.5	21	17	14.5	12	10	8.5

（2）湿度　育雏室容易出现高温高湿或高温低湿现象。高温高湿环境下，病原微生物容易滋生，易诱发球虫病。高温低湿情况下，雏鸡易失水，羽毛脱落，易引发啄斗。生产中，应该考虑前期的增湿和后期的防潮措施，第 1 周相对湿度以 65%~70%为宜，以后保持 55%～60%。可在育雏室悬挂干湿球湿度计，监测室内湿度情况，并及时调整，确保育雏室的相对湿度保持在 60%～70%为宜。

（3）通风　保持舍内空气新鲜和流通是养鸡的重要条件。由于雏鸡的新陈代谢旺盛，所呼出的二氧化碳量大，而且鸡的粪便中还含有 20%～25%没能被利用的物质，这些物质在一定条件下就开始分解，产生大量的有害气体，其中包括氨气、硫化氢和二氧化碳等，使得舍内的空气质量下降。通风的目的就是减少舍内有害气体，增加氧气，同时调节舍内湿度，减少病原滋生。否则，易造成雏鸡呼吸道疾病增加，体弱多病，增加死亡率。

通风有自然通风和机械通风两种方式。自然通风是指通过门和窗自然交换空气；机械通风是通过设备使空气产生流动，达到空气交换的目的。饲养人员根据舍内温湿度、空气质量状况调节通风窗大小或开启风扇，为了既保持育雏室空气新鲜又避免因通风导致温度下降，可在通风前预先提高室温 2～3℃，然后再适当打开门窗进行通风换气。通风量参考表 5-3。

表 5-3　　密闭鸡舍不同日龄鸡的换气量（1000 羽/h）

日龄/d	体重/g	换气量/m^3	
		最大	最小
0~20	230	1800	456
21~30	305	2400	600
31~50	600	4680	1200
51~70	810	6300	1620

（4）密度　雏鸡饲养密度随日龄增加而减少，第 1 周以 40~50 羽/m^2 为宜。第 2 周后逐渐减少，第 4 周时密度以 25~30 羽/m^2 为宜。密度过大，鸡的活动受到限制，空气污浊，导致鸡抵抗力下降、易生病、生长缓慢，且易引发啄羽、啄肛等恶习。密度过小，造成房舍利用率低，增加饲养成本。不同周龄鸡的饲养密度见表 5-4。

表 5-4　　不同周龄鸡的饲养密度

周龄/周	笼养密度/（羽/m^2）	地面饲养密度/（羽/m^2）
1~2	60~75	25~30
3~4	40~50	25~30
5~6	27~38	12~20

（5）光照　科学正确的光照控制，能促进雏鸡的骨骼发育，适时达到性成熟。光照可分为光照时间长短和光照强度强弱两个方面。育雏鸡 3 日龄前应给予时间较长、强度较大的光照，一般为 20~24h，以便让雏鸡尽早饮水和开食，尽快适应环境；随着日龄的增长，可减少光照时间和光照强度。在育雏中后期要采用弱光，强光会刺激鸡的兴奋性，影响鸡群休息，引起相互啄羽、啄肛等问题；弱光可使鸡处于安静状态，有利于休息促进增重。

合理光照的方法：在育雏的前 3d 给予 24h 光照，以后给予 23h 光照，1h 黑暗。第 1 周灯泡瓦数以 40W 为宜，第 2~3 周以 25W 为宜。按每平方米 3.5~4W 要求设置灯泡数量，灯泡尽量多且均匀悬挂，以使舍内光照均匀。灯泡悬挂在离地高 2m 的位置，灯与灯间距为 3m。

（三）日常科学管理

1. 观察鸡群状况

观察鸡群至关重要，通过观察雏鸡的采食、饮水、运动、睡眠及粪便等情况，及时了解饲料搭配是否合理，雏鸡健康状况如何，温度是否适宜等。观察雏鸡对给料的反应、采食的速度、争抢程度；每天查看粪便的形状与颜色；观察雏鸡的羽毛状况、雏鸡大小是否均匀、眼神和对声音的反应，有无打堆、溜边的现象；注意听雏鸡的呼吸有无异音。一旦发现病情要立即报告，及时采取紧急措施。1~20 日龄是死亡的高峰时期，占死亡数的 50%以上，死亡的主要原因为育雏温度不适宜、鸡白痢、球虫病、鼠害以及人为的因素等。因此，育雏期间要及时进行新城疫疫苗、鸡传染性法氏囊疫苗、鸡痘疫苗的免疫接种。

2. 定期称重

为了掌握雏鸡的发育情况，应定期随机抽测 5%~10%的雏鸡体重，与品种的标准体重对比，及时修订饲养管理措施。

3. 适时断喙

断喙是防止各种啄癖的发生和减少饲料浪费的措施之一。在育雏过程中，光线过强、密度过大、饲料营养不全或通风不良等都可以造成啄癖。啄癖包括啄羽、啄肛、啄翅、啄趾等，轻者致伤残，重者可死亡。鸡采食时总是喜欢用喙啄食饲料，将不喜欢吃的东西剔除一旁，啄食喜爱的食物。在采食粉状饲料时更是这样，导致一部分饲料被撒到地上，造成饲料浪费。

断喙适宜时间为 7~10 日龄，在 8~10 周内进行修喙。断喙使用的工具最好是专用断喙器，它有自动式和人工式两种。如没有断喙器，也可用电烙铁或烧烫的刀片切烙。断喙时，左手握住雏鸡，将喙插入刀孔，切去上喙 1/2，下喙 1/3（指鼻孔到喙尖的距离），做到上短下长，切后在刀片上灼烙 2~3 秒，以利止血。在断喙前一天和后一天饮水（或饲料）中可加喂维生素 K 或抗生素。断喙后要将饲槽中料的厚度增加，直到伤口愈合。断喙要在鸡群健康状况下进行，以防更大的应激。

4. 及时分群

鸡群的整齐度用均匀度表示。即用进入平均体重±10%范围内的鸡数占全群鸡数的百分比来表示。均匀度大于 80%，则认为整齐度好，若小于 70%则认为整齐度差，应据体重进行分群饲养。

5. 疾病预防

严格执行免疫接种程序并进行疫苗接种，预防传染病的发生。每天早上要通过观察粪便了解雏鸡健康状况，主要看粪便的稀稠、形状及颜色等。2~7 日龄为防止肠道细菌性感染要投药预防；20 日龄后要预防球虫病的发生，尤其是地面散养的鸡群要投喂抗球虫药物。

6. 做好记录

为了总结育雏经验，做好下批次育雏工作，每批次育雏都要认真做好各项记录。每天检查记录的项目有健康状况、光照、雏鸡分布情况、粪便情况、温度、相对湿度、死亡、通风、饲料变化、采食量、饮水情况及投药等。

（四）育雏合格的判定标准

1. 育雏合格判定标准

育雏是培养合格蛋鸡的第一步，迈不好这步，对以后的产蛋率有极大的影响，判定育雏合格的标准有以下几方面。

（1）成活率应达到97%以上　成活率过低，表明鸡群健康发生问题或发生过疾病，这样的鸡群输卵管器质多多少少会受影响，产蛋率可能打折扣，育雏成活率只是育雏量的指标反映，不能说明育雏的“质”。

（2）胫长、体重达标率须在85%以上　这两个标准是育雏“质”（各个育种公司的鸡都发布本品种各时期这两项标准）的反映。过去只强调体重指标，实际上，两者相比，胫长标准比体重标准更重要，雏鸡骨骼尤其是胫骨6周之前发育快，10周发育减缓，12周发育停止，而体重直到36周龄才达到顶峰。育雏期骨骼发育不良无法补救，育雏上有一句话是“35天定终身”，就是这个原因。胫骨等长骨作为体内的钙储备库，其发育充分，储备的钙就丰富，产蛋不会出现缺钙现象，而且蛋壳质量好。骨骼发育充分的鸡骨架也大，耻骨间隙开张距离大，将来产蛋顺利，不会发生蛋皮沾血、脱肛、啄肛现象。

（3）均匀度达80%　均匀度是胫长、体重两项均达标的指标。测定方法：随机选取同一区域50~100羽雏鸡为检测对象（以后每次测定皆选此区域），每周测定一次胫长、体重，算出平均数，再将平均数分别乘以0.9和1.1。凡胫长、体重在此两个数中间的雏鸡都算合格鸡，合格数占总数85%以上为均匀度优良，80%~84%为基本合格，79%以下为不合格。均匀度良好的鸡群开产整齐，上高峰快，维持时间也长。

2. 育雏失败原因分析

雏鸡成活率在90%以下，均匀度在79%以下，为育雏失败或接近失败，具体分析原因可能有以下几个方面。

（1）引进的雏鸡质量欠佳或带有蛋传疾病　孵化场种蛋来源过杂、非产蛋高峰期种蛋、鸡白痢与鸡支原体净化不好、患传染病期所产种蛋或带有免疫抑制病毒、育雏期发生副伤寒等疾病，均会影响生长发育。

（2）营养不均衡　未按配方配制饲料，饲料中能量或氨基酸不平衡，维生素效价降低，杂粕用得过多，造成限制性氨基酸不足。

（3）管理不当　温度不均衡，脱温太快或脱温太晚；通风不良造成鸡舍氧气含量不足；卫生状况不良，氨气味过浓影响雏鸡采食、增重；鸡群密度过大，造成拥挤不定，争抢食槽而应激，影响生长速度，密度大还造成雏鸡采食不均衡，先吃的雏鸡专挑大粒的玉米和粕类采食，后采食的雏鸡只能吃剩下的粉料，里边多为矿物质、添加剂等，营养不均衡，也是生长不良、均匀度不高原因。

（4）光照时间、强度掌握欠佳　育雏前期，较强较长光照让雏鸡学会吃食，育雏中后期，较弱较短的光照保证雏鸡采食之后的休息、消化食物时间和食欲。掌握不准同样会影响雏鸡生长发育。

（5）断喙失误　留得过短，鸡感疼痛，不愿采食；留得过长，鸡扒食、挑食，也影响采食与增重。

（6）热应激　秋冬进的雏鸡，温度好调节，生长发育整齐迅速。春末和夏天进的雏鸡，生长期正赶上高温天气，雏鸡热应激大，采食不足，生长发育迟缓。

（7）调整分群不及时　没有将健弱雏、大小雏及时分群饲养，产生严重的两极分化。

（8）疫病影响　患鸡白痢、鸡支原体、禽副伤寒、大肠杆菌之后，将影响10d左右生长速度；患新城疫、鸡传染性支气管炎、鸡传染性法氏囊病等疾病也耽误1周左右生长速度，有时还会产生少量的“僵鸡”。

三、育成鸡的饲养管理

育成鸡是指产蛋前的饲养期，一般是指21日龄到140～150日龄开始产蛋的一段时期。

（一）育成鸡的生理特点

（1）生长发育迅速，各系统的机能基本健全。

（2）羽毛已丰满，具备了健全的体温调节能力。

（3）消化系统逐渐发达，消化吸收能力日趋健全，食欲旺盛。

（4）免疫器官逐渐发育成熟，防御抗病机能增强，对环境适应性强。

（5）相对增重速度慢，但绝对增重最快。

（6）是骨骼、肌肉发育的重要时期，肌肉与骨骼生长快，脂肪沉积逐渐加快。

（7）10周龄后性器官发育迅速，16～17周龄即接近性成熟，所以必须限制光照，并减少应激，防止早产。

（二）蛋鸡育成期饲养管理

1. 饲养方式

（1）日粮过渡　育成鸡需要的饲料营养成分含量比雏鸡低，特别是蛋白质和能量水平较低，需要更换饲料。当鸡群7周龄平均体重和胫长达标时，即将育雏料换为育成料。若此时体重和胫长达不到标准，则继续喂雏鸡料，达标时再换；若此时两项指标超标，则换料后保持原来的饲喂量，并限制以后每周饲料的增加量，直到恢复标准为止。

更换饲料要逐渐进行，如用2/3的雏鸡料混合1/3的育成料喂2d，再各混合1/2喂2d，然后用1/3育雏料混合2/3育成料喂2~3d，以后就全喂育成料。

(2) 限制饲养

①限饲效果：节省饲料、降低饲养成本；控制鸡的体重，维持标准体重，保证正常体脂；防止性早熟，减少产蛋期死淘率，提高生产性能。

②起止时间：蛋鸡一般从6~8周龄开始进行限饲，到开产前3~4周结束，即在开始增加光照时间时结束（一般为18周龄）。必须强调的是，限饲必须与光照控制相一致，才能起到应有的效果，切不可增加光照刺激母鸡开产，这将会对后期的产蛋产生有害影响。

③限饲方法：多用限量法，日粮质量要好。要查明雏鸡的周龄、标准体重和标准饲喂量，对照实测体重确定给料量。一般是自由采食量的7%~8%（轻型），或10%~15%（中型）。

2. 育成前期的管理

(1) 转群 一般进行两次。第一次（育雏→育成）一般在6~7周龄；第二次（育成→产蛋）在16~18周龄。过早因笼具而影响饮水采食，且易跑鸡；过晚不利于鸡群对新舍的适应，妨碍下阶段的工作。第一次育雏向育成笼转群时应依体重、体格分批进行。

(2) 转群前的准备

①新鸡舍整理与消毒：转群前1~2周进行。

②人员的安排。

③转群用具的准备。

④饲料及饮水的准备：旧舍转群前4~6h停料，新舍转群前把预计要转入的笼位将料添好。转后2d内仍喂上一阶段的饲料，转群前后3d可在饮水中添加电解多维，以减少应激反应。

(3) 转群的要求

①减少惊群：应在晚上或光线较暗时进行。

②减少鸡只的伤残：将饮水饲喂器具提前搬出；人工抓鸡装鸡时每次应少抓，且应抓双腿，动作要轻；每次运输时装鸡不可太多；装入新鸡笼时动作要轻。

③转群应与选留相结合，及时淘汰病、弱、残及体重过小的鸡，并尽量分区装鸡，公鸡留选的比例是每50羽母鸡留1羽公鸡。

（4）转群后的管理

①光照：转群后1~2d实行24h光照；以后正常执行。

②转群前后各2~3d适当添加电解多维及抗菌药，转群后3~5d内的饲养管理条件尽量与前阶段保持接近，舍温低于18℃时适当供温。

③整理鸡群：转群后及时检查调整各笼内的鸡只，并做好清点。

④转群后注意观察鸡群状态。

⑤及时脱温：昼夜温度不低于18℃时即可脱温，温度过低应推迟，并在温度下降时适当供温。

⑥换料：常采用“三三制”的方法过渡。

3. 育成期日常管理

（1）饮水　充足、清洁。防止漏水，每天注意消毒。

（2）喂料　投料均匀，换料时注意过渡。

（3）驱虫　根据具体情况而定。

（4）温度　适宜范围为15~21℃，注意防暑防寒。

（5）通风　依舍内空气质量及温度灵活掌握。

（6）卫生防疫　依免疫程序进行免疫，每周进行2~3次的带鸡消毒。消毒药每2周更换一次。禁止串舍，及时清粪，勤打扫卫生。

（7）分群饲养　大小、强弱、病残及时分开管理，提高均匀度。

（8）观察鸡群　每日对鸡群仔细观察，发现问题及时解决。

①精神状态：健康鸡精神饱满，眼大有神，经常发出“咯咯”的叫声。病弱鸡精神萎靡，冠苍白，低头垂翅，羽毛散乱，不爱活动。

②采食情况：健康鸡撒料后抢食，低头连续吃料；病弱鸡没有食欲，蹲伏不积极采食，吃几口便离开槽位。

③粪便情况（干湿、状态、颜色）：育成鸡的粪便比较干燥，形状规则。若粪便较稀或无形状，颜色不正常，发黄、发绿等，需对鸡群的健康状况进行全面检查。

④外观表现：羞明流泪、神经症状、营养状态、夜间有无异常呼吸音。

（9）育成期的光照管理。

光照时间宜短，不宜逐渐延长，光照强度宜弱。光照管理的主要目的是控制鸡群在适当日龄达到性成熟。过早性成熟，不仅开产时蛋重量小，而且会因体成熟不够，开产后不久又停产，不能稳产、高产。幼雏阶段至10周龄，光照时间的长短对性成熟无太大影响。10~18周龄光照时间要短，不可延长。

雏鸡1周龄内，每天光照23h；2周龄至18~20周龄，每天保持8h光照。春季孵化出的雏鸡生长后期正处在日照逐渐缩短的阶段，所以即使在自然光照条件下，也不会使鸡过早成熟。如果秋季育雏，前10周可采用自然光照，10

周龄后采用10~20周龄阶段最长的自然光照时间，如这阶段的自然光照时间为12h，则不足12h自然光照的其他各周，采用灯光补充照明，补足12h。

4. 体重控制

（1）体重控制的目的　使实际体重在本品种标准体重±10%范围内，体重过大、过小均造成体质差，生殖系统发育不完善，对以后的产蛋造成不良影响。

（2）育成期体重对产蛋期性能的影响

①产蛋期体重：两者呈正相关。

②蛋重：初产体重越大，初产蛋重也越大，体重适中、均匀度高的鸡群总产蛋量多，18周龄的体重与开产时的蛋重成正比。

③开产日龄：蛋鸡通常在120~130日龄开始产蛋，但不同品种之间可能会有所差异。体重达标时，产蛋率上升快，产蛋平稳，高峰期持续时间长；体重不达标时，很难达到产蛋高峰，易脱肛，且不持久。

（3）体重的调控措施　每周（或隔周）末空腹，随机抽样2%~3%的个体称重，计算出平均体重，与标准体重±10%比较。

①若 $W_{平均}>W_{标准}+10\%$，下周继续喂本周的喂料量（切不可减少）。

②若 $W_{平均}<W_{标准}-10\%$，下周的喂料量在标准喂料量的基础上再增加2~3g/羽，或饲喂下下周的料量。

③若 $W_{平均}$ 在 $W_{标准}\pm10\%$ 范围内，按标准料量执行。

在育成期的任一时期均不允许出现体重下降的现象，对出现体重达不到标准的情况，要先查找原因（如营养、疾病等），处理之后再调整饲喂量。

5. 整齐度的控制

整齐度是指群体内体重在标准体重±10%范围内的个体占群体总数的百分比。

（1）提高整齐度的目的　高的整齐度可使开产整齐，达到高峰迅速，高峰期持续时间长，产蛋期死亡率低，整齐度应达到80%以上。

（2）造成整齐度差的原因：疾病；喂料不均匀；饲养密度过大；管理不善。

（3）提高整齐度的措施

①保证采食均匀：有足够的采食位置，保证每只鸡都能同时吃到饲料；全天的投料量尽量一次性投给；加料速度适当快，尤其是平养时。

②搞好分群管理：应经常进行，将鸡群分成大、中、小、病弱分开饲养，至少每周调整一次，抑大促小。

③保证合适的饲养密度：全部卧地休息时应有25%~30%的闲置空间。

（三）生态放养鸡育成期饲养管理

1. 饲养方式

雏鸡放养的时机取决于环境气候和植被状况。基本原则为气候稳定，气温适宜，雨量较小，有可食资源。其放养方式要求放养鸡进入育成期后，就不得投喂人工配合饲料，若继续投喂人工配合饲料必将影响到鸡蛋的品质。因此，应从育成期开始，除了每天自由采食、放养外，就要开始投喂补充饲料。补充饲料一般为粮食或粮食加工副产品，如玉米、豆粕等。除了可添加食盐外，饲料中不可使用任何人工饲料添加剂。

2. 放养前适应性训练

雏鸡从育雏室突然转移到放养地，环境发生了很大变化。雏鸡能否适应这种变化，在很大程度上取决于放养前的适应性锻炼，包括饲料和胃肠的锻炼、温度的锻炼、活动量的锻炼、管理和防疫等。为使雏鸡尽快适应放养环境，应做好如下前期准备工作。

（1）饲料和胃肠的锻炼　为了适应放养期间大量采食青饲料，以及采食一定的虫体饲料的饲料类型特点，应在育雏期进行饲料和胃肠的适应性锻炼。即在放养前1~3周，有意识地在育雏料中添加一定的青草和青菜，有条件的鸡养殖场还可加入一定的动物性饲料，特别是虫体饲料，如蝇蛆、蚯蚓、黄粉虫等，使其胃肠得到应有的锻炼。对于青饲料的添加量，要由少到多逐渐添加，防止一次性增加过多而造成消化不良性腹泻。在放养前，青饲料的添加量应占到雏鸡饲喂量的50%以上。

（2）温度的锻炼　放养对于雏鸡而言，环境发生了很大的变化，特别是由舍内转移到舍外，由温度相对稳定的育雏室转移到气温多变的户外放养。最初2周是否适应放养环境的温度条件，在很大程度上取决于放养前温度的适应性锻炼。因此，在育雏后期，应逐渐降低育雏室的温度，使其逐渐适应舍外气候条件，适当进行较低温度和小范围变温的锻炼，这样对提高放养初期的成活率作用很大。

（3）活动量的锻炼　育雏期雏鸡的活动量很小，仅在育雏室内的有限地面上活动。放养后，活动范围突然扩大，活动量成倍增加，很容易造成短期内的不适应而出现因活动量过大造成的疲劳和诱发疾病。因此，在育雏后期应逐渐扩大雏鸡的运动量和活动范围，增强其体质，以适应放养环境。

（4）管理　育雏后期的饲养管理主要是为了适应放养环境条件，应逐渐由精细管理过渡到粗放管理。所谓粗放管理，并不是不管或越粗越好，而是在饲喂次数、饮水方式、管理形式等方面接近放养的管理模式。特别是注意调教，形成条件反射。

(5) 抗应激 放养前后的最初几天，由于转群、脱温、环境变化等影响，出现一定的应激，免疫力下降。为避免放养后出现应激性疾病，可在补饲的饲料和饮水中添加适量维生素 C 或复合维生素，预防应激。

(6) 防疫 应根据鸡的防疫程序，特别是免疫程序，有条不紊地搞好防疫，为放养期提供良好的健康保证。

3. 放养前的调教

放养前的调教是生态放养鸡饲养管理工作不可缺少的技术环节。因为规模化养殖、野外大面积放养必须有统一的管理程序，如饲料、饮水、宿窝等。应使群体在规定的时间内集体行动。特别是遇到不良天气和野生动物侵袭时，如刮风、下雨、冰雹、老鹰或黄鼠狼侵害等，应在统一的指挥下规避，同时也可避免相邻鸡养殖场间的混群现象。

调教是指在特定环境下给予特殊信号或指令，使之逐渐形成条件反射或产生习惯性行为。尽管鸡具有顽固性，但其也具有可塑性。因此，对其实行调教应从小进行。调教内容包括喂食饮水的调教、远牧的调教、归巢的调教、上栖架的调教和紧急避险的调教等。

(1) 喂食和饮水的调教 生态放养鸡每天的补料量是有限的，为保证每只鸡都能获得相应数量的饲料，应让放养鸡在同一个时间段内共同采食。在野外饮水条件有限时，为了保证饮水的卫生，尽量减少开放式饮水器暴露在外的时间，需要定时饮水，也需要统一同时进行。

喂食和饮水的调教应在育雏时开始，在放养时强化，并形成条件反射。一般以一种特殊的声音作为信号，这种声音应柔和而响亮，不可使用爆破声或模仿野兽的叫声，持续时间可长可短。生产中多采用吹口哨或敲击金属物品等方法。如以喂食为例，调教前应使鸡只有一定的饥饿时间，然后一边给予信号（吹口哨等），一边喂料。喂料的动作尽量使鸡看得到，以便促进听觉和视觉双重感应，加速条件反射的形成。每天重复如此动作，一般 3d 以后即可建立条件反射。

(2) 远牧的调教 很多鸡的活动范围很窄，尽管远处有丰富的饲草资源，但鸡只不愿远行。为使饲草得到有效利用，应对鸡进行调教，调教方法为一人在前面引导，即一边慢步前行，一边按照一定的节奏给予一定的语言口令，一边撒扬少量的食物作为诱饵；后面一人手拿驱赶工具，一边发出驱赶的语言号令，一边缓慢舞动驱赶工具前行，直至到达饲草丰富的草地。这样连续几日后，鸡群即可逐渐习惯往远处采食了。

(3) 归巢的调教 鸡具有晨出暮归性，每天日出前便离巢采食，出走越早、越远的鸡，其采食越多，生长越快，抗病力越强；而日落前多数鸡从远处向鸡舍集中。但有个别鸡不能按时归巢，有的是由于外出过远，有的是由于迷失了方向，也有的个别鸡在外面找到了适于自己夜宿的场所。如果这种情况不及时发现和调整，以后不归的鸡可能越来越多，遭遇不测而造成损失也会越来越大。因此，应在傍晚前到放养地的远处查看是否仍有采食的鸡只，并用信号引导其往鸡舍方向返回。如果发现个别鸡在舍外的远处夜宿，应将其抓回鸡舍圈起来，并将其营造的窝破坏。次日早晨晚些时间将其放出采食，当日傍晚再去检查其是否在外宿窝。如此几次后，鸡便可按时归巢。

（4）上栖架的调教　鸡具有栖居性，善于高处过夜。但在野外放养条件下，有时由于鸡舍面积小，比较拥挤，有些鸡抢不到有利位置而不在栖架上过夜。野外鸡舍地面比较潮湿，加之粪便的堆积，长期卧地容易诱发疾病。因此，在开始转群时，每天晚上用手电筒照明，查看是否有卧地的鸡，应及时将其捉到栖架上。经过几次调教之后，形成固定的位次关系，就会按时按次序上栖架。

4. 放养前的分群

规模化放养鸡每批的数量很大，如何管理才能提高成活率、生长速度和饲料转化率，既充分利用自然资源，又最大限度地提高劳动效率，是必须重视的问题。分群管理是放养前最重要的一个环节。

分群就是根据放养条件和鸡的具体情况，将不同品种、不同性别、不同年龄和不同体重的鸡分开饲养，以便于因鸡制宜，有针对性的管理。

（1）分群的基本原则　放养鸡分群首先要考虑群体的大小。确定群体大小的依据是品种、月龄、性别和放养地可食植被状况。一般而言，本地土鸡活泼好动、体质健康、适应性强、活动面积大，群体可适当大些。青年鸡阶段采食量小，饲养密度和群体适当大些。而成年鸡的采食量较大，在有限的活动场地放养的数量适当少些。植被状况良好，群体适当大些；植被较差的饲养密度和群体都不应过大，否则易产生过牧现象。

公母鸡混养，公鸡的活动量大，生长速度快，可提前作为肉鸡出栏，群体可适当放大些。若饲养的是经过了鉴别的母雏，要一直饲养到整个生产周期结束的，群体不宜过大。

（2）分群的具体操作　放养鸡的分群应与育雏鸡分群相一致，即育雏室每个小区内的雏鸡最好分在一个鸡舍。分群是从育雏室到放养舍转群时进行的，最好在夜间进行。根据野外每个简易鸡舍容纳鸡的数量，一次性放进足量青年鸡。如果野外简易鸡舍的面积较大，安排的鸡数量较多，应将鸡舍分割成若干单元，每个单元容纳鸡数量最好小于500羽。

（3）分群的注意事项

①忌混养：不同日龄、不同体重和不同生理阶段的鸡，其营养需要、饲料类型、管理方式和疾病发生的种类和特点都不一样，如果混养在一起将无法有

针对性的饲养和管理。如产蛋鸡和大雏鸡混养，饲料无法配置和提供。若按照产蛋鸡补料，其含钙、磷过高，大雏鸡采食过多会造成疾病，反之，按照大雏鸡的营养需要补料，产蛋鸡明显钙、磷不足而严重影响产蛋率和鸡蛋品质。特别是疾病预防，难以按照防疫程序执行，导致疾病不断而又无法控制。

②忌群体过大：群体大小划分的依据是植被状况、鸡日龄和活动范围、鸡舍之间的距离和鸡舍大小。据研究发现，一般70%以上的鸡在半径50m以内活动，90%以上在半径100m以内活动。因此，群体大小应以50~100m为半径的圆面积为一活动单元，一般鸡群应控制在300~500羽。

③注意修建围栏护网：通过围网限制鸡的活动范围，防止丢失，以后逐渐放宽活动范围，直至自由活动。围栏筑网，可以将较大的鸡群隔离成若干个小的鸡群，均匀分布，分区轮牧，以防止鸡在活动的区域范围内出现过牧现象。使土地生息结合，资源开发和保护并举。

5. *放养鸡育成期整齐度控制*

鸡群的整齐度对于开产日龄的集中度和产蛋率的高低有很大的影响，也是体现饲养品种优劣和饲养技术、饲养水平高低的标准之一。影响鸡群整齐度的因素很多，如雏鸡质量、不同批次群体混养、群体过大、放养密度高、投料不足等。因此，应有针对性地采取相应措施。

（1）建立良好的基础群　对于雏鸡的选择和培育是建立良好基础群的关键。要按照品种标准选择雏鸡，对于体质较弱、明显发育不良、有病或有残疾的雏鸡，要坚决淘汰。淘汰体重过大或过小的雏鸡。如果所孵化的雏鸡群体差异较大，可遵循大小分群的原则，要按照技术规范育雏，培育健康的雏鸡。

（2）严禁混群饲养　有些鸡养殖场多批次引进雏鸡，而每一批次数量都不大，为了管理的方便，将不同批次的鸡混合在一起饲养，这是绝对不允许的。日龄不同，营养要求不同，免疫程序不同，管理方法也不同。如果将它们混杂在一起，将造成管理难度加大，还可能带来不可弥补的后果。

（3）群体规模大小适中　过大的群体规模是造成群体参差不齐的原因之一。规模较大，使那些本来处于劣势的小鸡越来越处于劣势地位，群体的差异越来越大。一般来说，群体规模控制在500羽左右，最多也不应超过1000羽。对于数万羽的鸡养殖场，可以分成若干个小区隔离饲养。

（4）密度控制　放养密度的大小是影响群体整齐度的另一个重要因素。与群体规模过大的原理相似，过大的密度严重影响鸡的采食和活动，特别是阻碍一些身体或体重处于劣势的个体发育，使它们与群体之间的差距越来越大。

（5）投料　饲料的补饲量不足，或者投料槽的实际有效采食面积小，会严重影响鸡的采食，使那些体小、体弱、胆小的鸡永远处于竞争的不利地位而影响生长发育。根据鸡在生态放养期间获得的饲料情况，满足其营养要求，合理补充饲料，并集中补料，增加采食面积，是保证群体均匀度一致的重要措施。

（6）定时体重抽测　体重抽测是鸡养殖场的日常管理工作之一。作为规范化的鸡养殖场，在育雏期开始，育成末期基本结束，每周抽检 1 次。并绘制成完整的具体生长发育曲线，计算鸡群的整齐度。发现均匀度不好，应及时分析原因并采取措施。如果群体比较均匀，而个别鸡只发育不良，应该采取果断措施，坚决淘汰。每次抽测的数量依据群体大小而定。一般为群体数量的 5%；大规模鸡养殖场不低于群体数量的 1%，小规模鸡养殖场每次测定数量不低于 50 羽。

抽测体重要在夜间进行，将鸡舍灯具关闭，手持蒙上红色布块手电筒，使之发出较弱的红色光线，以减少对鸡群的应激。随机轻轻抓取鸡，使用电子秤逐只称重，并记录。取样应具有代表性，做到随机取样。鸡舍不同区域、栖架的不同层次，均要取样，防止取样偏差。

6. 提高放养鸡育成期成活率的方法

（1）培育健雏　放养初期（3 周内）死亡率占据整个育成期死亡率的 30% 以上，除了一些人为伤亡以外，多数死亡的是弱雏或病雏。因此，提高育成期的成活率，必须在育雏期奠定基础。包括饲养健康雏鸡，淘汰弱雏、病雏、残雏；按照程序免疫；进行放养前的适应性训练等。

（2）搞好免疫　生产中发现很多饲养者认为放养鸡的抗病力强，不注射疫苗也没有问题。但是在规模化养殖条件下，很多传染性疾病，无论是笼养的现代鸡种，还是放养本地土鸡，不免疫注射是绝对不安全的。生产中发现放养鸡在育成期的主要传染性疾病除了鸡马立克病外，还有新城疫、鸡传染性法氏囊病和鸡痘等疾病，因此必须重视疫苗的注射。

此外，鸡球虫病、沙门氏菌病和体内寄生虫病很容易被忽视。放养鸡如果遇到连续的阴雨天气，很容易诱发球虫病，应根据气候条件和粪便中球虫卵囊检测情况酌情投药。鸡白痢是放养鸡常发生的疾病，我国绝大多数地方鸡种没有进行过鸡白痢的净化，在育雏期没有采取有效控制，在放养初期很容易发生鸡白痢。放养鸡养殖场特别是长期放养地块，体内寄生虫发生也很普遍，应根据粪便中寄生虫虫卵的监测进行针对性的预防。

（3）减少放养丢失　鸡养殖场在放养过程中鸡的数量越来越少，而又没有发现死亡和兽害。说明放养过程中不断丢失鸡。这主要是由于没有进行有效的信号调教，也没有采取先近后远，逐步扩大放养范围的放养方法。

（4）预防兽害　放养鸡的主要兽害是老鼠、老鹰、黄鼠狼和蛇等，养鸡场中需要常备一些捕鼠捕蛇的器具，如平板夹、诱鼠笼、踏板夹等，夜间把它们放置在蛇鼠经常出入的地方。

（5）避免药害　草地、农田、果园等放养鸡因农药中毒造成的伤亡屡见不鲜。除极个别人为破坏以外，多数情况是在放养地直接喷药而没有实行分区轮牧和分区喷药所致。另一个原因是邻近农田喷药，放养地与邻近农田没有用网隔开。

（6）预防恶劣天气　暴风雨是造成育成期死亡的一个重要因素。应时刻注意当地天气预报，遇到不良气候，尽量不放鸡或提前将其驱赶回圈舍。

（7）避免群体过大　群体过大时，遇到应激因素或寒冷天气，鸡群扎堆，造成底部鸡窒息死亡。这是生产中经常发生的事情，此项在一些鸡养殖场的伤亡中占据较大的比例。应根据鸡的种类、体型和年龄等因素，合理确定鸡舍的最大养殖密度，保证鸡有足够的活动空间，减少争斗和疾病传播的风险。

（8）注意大小分群　大小混养不可避免地造成以大欺小、以强欺弱的现象，使小鸡始终处于被动地位而影响生长发育，降低抗病力。此外，混群容易造成疾病的相互传染，不利于防疫和全进全出。这是放养鸡最忌讳的事情。

（9）保证补饲　生产中发现鸡在育成期发育缓慢，没有达到标准体重。分析发现主要原因是营养不足。很多养殖户认为育成鸡野外自由采食可以满足其营养需要，不需要另外补饲，这种观点是错误的。育成阶段是生长发育最快的时期，在野外采食的自然饲料，不能满足能量和蛋白质的需求。特别是在大规模、高密度饲养条件下，仅靠采食一些植物性饲料，很难满足鸡自身快速生长的需要。因此，养殖户应根据体重的变化及与标准的比较，酌情补饲。只有营养得到满足，生长才能快速，抗病力和成活率才能提高。

[实操训练]

实训一　鸡的断喙

（一）实训目的

鸡断喙技术是畜牧兽医专业学生从事生态鸡生产工作必须掌握的一项专业技能。通过学习和训练，使学生能够在规定的时间内准确、熟练地进行断喙操作。

（二）教学资源

1. 材料与工具

7~10 日龄雏鸡若干、雏鸡笼、电热断喙器等。

2. 教学场所

校内外实训教学基地或实验室。

（三）方法与步骤

1. 操作方法

将断喙器刀片加热至600~700℃，当看到刀片中间部位变为樱桃红色时为温度适宜，此时，操作者用左手握住鸡，拇指靠在鸡的后脑，食指放在鸡的脖子下部。轻轻按鸡的喉咙以收缩舌头，以免割伤舌头。注意不要用力过大，不要左右摇动鸡头。中指护胸，将鸡身体握在手掌中，用无名指和小指夹住两个爪子以固定它，然后将鸡头向刀片倾斜，使上喙比下喙更多切一些（图5-2）。

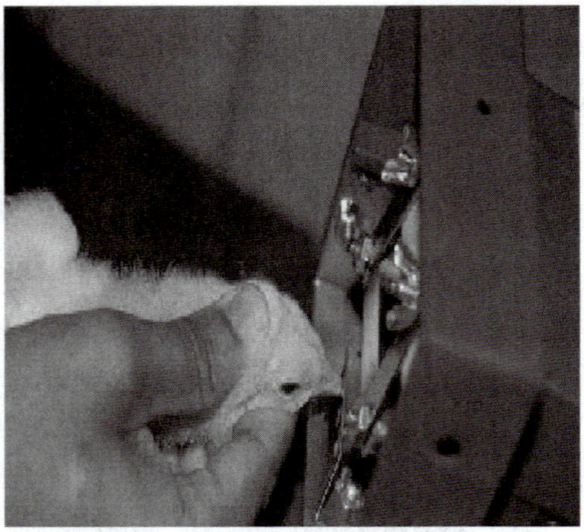

图5-2 鸡的断喙

切除的部分为上喙从喙的末端到鼻孔的1/2，下喙从喙的尖端到鼻孔的1/3。注意切断生长点，其余部分与鼻孔距离2mm。切断部分的横截面呈焦黄色，不应有渗血。

2. 注意事项

（1）每只鸡的断喙时间控制在2~3s。

（2）断喙可能诱发慢性呼吸系统疾病、葡萄球菌病等疾病。因此，断喙前后3d加强卫生和消毒工作。

（3）在炎热的夏天进行断喙，应在清凉的早晨或傍晚进行，以减轻应激。

（4）鸡群应激时，切勿断喙。如鸡群刚刚接种过疫苗或刚刚患上疾病，则必须在鸡群恢复正常时进行。

（5）上下喙张开时，禁止进入断喙孔，否则可能会割断或烧伤鸡舌。

（6）断喙的长度必须适当。断喙不充分，会在产蛋后期容易形成啄癖，无法实现断喙的效果。如果喙切得太大，会影响雏鸡的饮水和喂养，进而影响雏鸡的发育。

（7）加强鸡断喙后的饲养和管理。断喙后1周内应给予足够的饲料，以减轻伤口接触食槽而引起的痛苦；饮用水应保持清洁；可在饲料中添加维生素A、维生素C、维生素K和多维电解质，以减少断喙后的出血和应激。

（8）断喙不彻底的，可以在育成期（10～14周龄）进行第二次断喙。在第二次断喙之前的24~48h，应在饲料中添加维生素K，以防止出血。

（四）技能考核及实训报告

1. 技能考核。

鸡断喙技能考核具体要求见表5-5。

表5-5　　鸡断喙技能考核表

<table>
<tr><th rowspan="2">考核项目</th><th colspan="2">评分标准</th><th rowspan="2">考核方法</th><th rowspan="2">操作时间</th><th rowspan="2">实际得分</th><th rowspan="2">扣分原因</th></tr>
<tr><th>分值</th><th>评分依据</th></tr>
<tr><td>断喙设备调试</td><td>15</td><td>正确开展设备调试，操作规范，动作熟悉得15分</td><td rowspan="5">单人操作考核</td><td rowspan="5">2min</td><td></td><td></td></tr>
<tr><td>雏鸡保定</td><td>20</td><td>雏鸡保定手法正确、操作熟练得20分</td><td></td><td></td></tr>
<tr><td>断喙操作</td><td>50</td><td>操作中出现伤舌、鼻脸肿胀现象，每只扣5分；断喙每死亡1只鸡扣10分</td><td></td><td></td></tr>
<tr><td>断喙后检查</td><td>5</td><td>开展检查得3分，发现出血现象有处理的得5分</td><td></td><td></td></tr>
<tr><td>规范程度</td><td>1C</td><td>动作熟练、操作规范得10分</td><td></td><td></td></tr>
</table>

2. 实训报告

结合断喙技术操作要点，写出实训报告，并分析断喙技术易造成失误的因素。

实训二 鸡的称重与均匀度的测定

（一）实训目的

通过实训，熟练掌握体重抽测的方法和鸡群均匀度的测定方法，使学生能够在以后的禽生产中更好地评价禽的饲养管理是否科学与合理。

（二）教学资源

1. 称重设备（台秤、家禽秤或鸡舍内自动称重系统）、围网、运鸡笼。
2. 体重记录表、某鸡种各周龄体重和均匀度标准。
3. 种鸡（≥500 羽）。

（三）方法与步骤

1. 称测数量

在进行均匀度测定时，称测种鸡的数量以从鸡群中随机抽取 2%~5%（不得少于 50 羽）的鸡为宜。

2. 称测时间

从第 4 周开始直到产蛋高峰前，必须在每周同一天的同一时间进行空腹称重。每日限饲的种鸡在喂料后 4~6h 称重，隔日限饲的在停饲日称重。

3. 称重设备

称重设备有多种类型可以选择，但要使用精准度可达到 20g 的设备，同一鸡群多次或反复称重必须使用同一类型的称重设备。所有的称重设备都需要校准，并随时准备好标准的重量砝码，以检测称重设备是否称重准确。每次抽样称重前后都要对称重设备进行校准。

4. 方法

随机在种鸡群中用捕捉围网把种鸡围住，每次围圈 50~100 羽鸡逐只称重，一人抓鸡，一人称重，一人记录。为避免任何选择偏差，被围圈的鸡都必须称重。如果栏内或舍内的鸡群数量超过 1000 羽，则必须在栏内或舍内两个不同的位置进行抽样称重。

5. 均匀度的计算方法

将所称鸡（如 50 羽）的单个体重相加，再除抽测数，即得出抽测群的平均体重。如抽测平均体重为 1500g，再对这 50 羽抽测鸡逐个查看体重，数出体重在抽测群平均体重±10%范围内的鸡数，然后除以抽测数，即得出均匀度，如式 5-1 所示。

均匀度=（体重在抽测平均体重±10%的鸡数/抽测群总数）×100%　　(5-1)

例如，体重在抽测群平均体重±10%（1350~1650g）的鸡有40羽，则该群鸡的均匀度为80%［（40/50）×100%］。

6. 体重均匀度的意义

体重能保证种鸡在该鸡种规定的体重标准和周龄达到性成熟，同时也决定着种鸡的体质。种鸡均匀度的意义是要使鸡群发育整齐一致。只有详细的称量才能够很好地控制种鸡的体重与均匀度，对超重的进行限饲，对于低体重的要加强饲喂。生产上将所称测的体重和计算的均匀度与该周龄某品种的体重和均匀度标准进行比较，如果在标准之上，说明鸡群生长发育正常。当称量测得鸡群的均匀度低于70%，尤其是低于平均体重严重时，就要及时分析原因，一般从疾病、喂料饮水的均匀性、饲喂程序、饲料质量、断喙、环境条件等方面去查找，并根据其原因采取相应的措施。

（四）技能考核及实训报告

1. 技能考核

鸡称重与均匀度技能考核具体要求见表5-6。

表5-6　　鸡称重与均匀度技能考核表

考核项目	评分标准		考核方法	时间	实际得分	扣分原因
	分值	评分依据				
称重熟练准确	30	抽查学生所秤鸡中总数的5%，若称重误差在±0.05kg以上每羽扣5分，直至30分扣完	分组操作考核与口试相结合	20min		
均匀度计算	30	不能查出标准体重扣5分；无法计算出标准体重±10%的范围扣10分；计算均匀度错误扣5分；判定均匀度等级不正确扣10分				
体重调整方法	20	没有根据各笼层间环境的差异进行调整扣10分；没有按体重大小进行分群喂饲不同料量扣10分				
完成时间	20	要在10min内称重10羽鸡，每少称重1羽扣1分；计算均匀度要求在10min内完成，每多1min扣1分，直至20分扣完				

2. 实训报告

按步骤写出实训报告，根据实训结果对照本鸡种的标准，试分析该鸡群的体重和均匀度情况，阐明原因并提出鸡群下一阶段的饲养管理的合理化建议。

实训三　初生雏鸡雌雄鉴别

（一）实训目的

雏鸡雌雄鉴别技术是提高养鸡业生产效益的有效途径，也是畜牧兽医专业学生在孵化厂工作中必会的一项专业技能。通过实践训练，使学生基本掌握伴性遗传鉴别法和翻肛鉴别法关键技术和注意事项。

（二）教学资源

1. 设备与材料

出壳后 8~12h（最迟不超过出壳后 24h）健康雏鸡 100~200 羽，100W 灯泡 4 个，鉴别台 4 处，排粪缸 4 个，工作服、工作鞋、工作帽、口罩、消毒液等。

2. 教学场所

校内教学基地或实验室。

（三）方法与步骤

1. 翻肛鉴别法

根据初生雏鸡有无生殖突起以及生殖突起的组织形态上的差异，以肉眼分辨雌雄的一种鉴别方法。雏鸡出壳后 24h 内其公雏的生殖突起痕迹明显，根据公雏明显的生殖突起及母雏无生殖突起或生殖突起不明显来鉴别雏鸡的雌雄。实践中，公雏和母雏的生殖突起中仅有 78%左右是正常型，还有 22%左右是异常型，因此要经过反复训练，不断地积累经验，才能准确地判定雏鸡的雌雄。

初生雏鸡鉴别时间为出壳后 8~12h，最迟不超过出壳后 24h，因为此时雏鸡易抓握，其腹部充实，有弹性，肛门易张开，便于排粪。而且公、母雏鸡的生殖突起形态相差最为显著易区分。时间过长，不易翻肛，生殖突起有变化，不易区分。雌雄辨别差异如下所述。

（1）雄雏　在近肛门开口泄殖腔下壁中央第二、第三皱襞相合处有一粒芝麻粒大小的球状突起，两侧围以规则的皱襞，呈八字状，也称“八字皱襞”。球状突起称“生殖突起”。生殖突起及八字皱襞呈白色，稍有光泽、有弹性，在加压和摩擦时充实、不易变形，有韧性，轮廓明显。

（2）雌雏　在正常情况下，初生雌雏的生殖突起几乎完全退化，称为正常型，但小部分的雌雏生殖突起未完全退化。可依据以下几点判别。

①外观感觉：雌雏生殖突起轮廓不明显、萎缩，周围组织衬托无力，有孤立感。

②光泽：雌雏生殖突起柔软透明。

③弹性：雌雏生殖突起的弹性差，压迫或伸展易变形。

④充血程度：雌雏生殖突起血管不发达，刺激不易充血，而雄雏生殖突起血管发达，有充血。

⑤突起前端形态：雌雏生殖突起前端尖，而雄雏生殖突起前端圆。

2. 操作方法与步骤

（1）抓雏、握雏　右手握雏，雏背贴操作者的掌心，肛门向下，雏颈轻夹于食指与中指之间，移至左手后，雏颈夹于中指与无名指之间，肛门向上，无名指与小指弯曲，将两腿夹于掌面。

（2）排粪　在翻肛前先将粪便排出，左手拇指轻压腹部左侧髋骨下缘，借助鸡的呼吸将粪便挤入排粪缸中。拇指压力一定要适中，用力轻则粪便不易排净。用力重则重伤雏鸡，甚至挤出未吸收的卵黄，造成死亡。

（3）翻肛　左手握雏，左手拇指至肛门左侧，左食指弯曲贴于雏鸡背侧，同时右手食指至肛门右侧，右拇指至雏鸡脐带处，右拇指沿直线往上顶推而右食指下拉，拉到肛门处收拢，左拇指也要往里收拢，则三指收拢处合形成一个三角区，三指凑拢一挤，肛门翻开（图 5-3）。

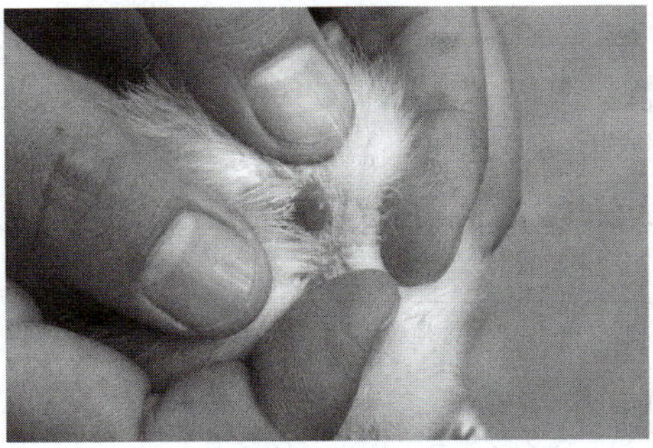

图 5-3　雏鸡雌雄鉴别

（4）鉴别　在强光下根据生殖突起的有无和八字皱襞形态差别来判断雌雄性别。如有粪便影响视觉，可迅速用左手拇指轻轻抹去，再进行肉眼观察，若遇生殖突起一时难以分辨时，可用左手拇指触摸，观察其弹性程度以及充血，结合上述雌雄辨别差异认真辨别。

（5）放雏　观察鉴别后，放雏要求轻、快。将公雏放在操作者右侧，母雏放在左侧。

3. 雌雄鉴别关键

提高鉴别的准确性和速度，关键在正确掌握翻肛手法和熟练而准确无误地分辨雌雄雏鸡的生殖突起。一般要求鉴别率在96%以上，速度要快，做到“三快、三个一次”；“三快”是握雏翻肛手要快，辨别雌雄反应要快，辨别后放雏要快；“三个一次”是粪要一次排净，翻肛要一次翻好，辨认要一次看准。

4. 注意事项

（1）鉴别人员消毒　做好防疫，要求鉴别员穿工作服、鞋，戴帽、口罩，并用消毒液洗手、消毒。

（2）翻肛手法　既能迅速翻开肛门，也能使翻肛位置正确。且要注意三角区宜小，不要外拉里顶，人为造成隆起变形，产生误判，损伤鸡体。

（3）提高鉴别率　实训时要循序渐进，按照接受知识的规律进行实践，积累经验。出壳后的雌雏仍有部分生殖突起有残留，易混淆误判。初学者要坚持认真、严肃、反复实践的原则，必要时解剖雏鸡，手脑并用反复体会；多次反复练习便可学好。

（4）提高速度　在整个过程中要快、准，一次到位，握雏排便快，翻肛手要快，辨别雌雄眼快脑更快，辨别后放雏要轻、快。粪便一次排净，翻肛一次翻好，辨别眼和脑要一次认准。

（四）技能考核与实训报告

1. 技能考核

鸡翻肛雌雄鉴别技能考核具体要求见表5-7。

表5-7　鸡翻肛雌雄鉴别技能考核表

考核项目	评分标准		考核方法	时间	实际得分	扣分原因
	分值	扣分依据				
放雏抓鸡手势	20	右手放掉鉴别过的雏鸡，左手不能及时抓捕未鉴别的雏鸡扣2分；抓鸡时没抓鸡的头部扣2分；左手抓鸡交于右手时没有将雏鸡头部夹于无名指与小指之间扣2分；放鸡时将鸡摔伤扣5分	单人操作考核	5min		
排粪方法	20	右手拇指、食指和中指不能同时轻压雏鸡两侧腹壁进行排粪扣2分；不能一次将雏鸡胎便排净扣5分；排粪过程中将雏鸡脐部挤裂出血扣10分				

续表

考核项目	评分标准		考核方法	时间	实际得分	扣分原因
	分值	扣分依据				
翻肛鉴别方法	40	鉴别过程中一次翻肛不成功者每羽扣 1 分；一次未鉴别成功者每羽扣 1 分；雏鸡肛门充血每羽扣 5 分；鉴别雌雄错误者每羽扣 5 分；鉴别过程中雏鸡死亡者每羽扣 10 分；鉴别率在 90% 以下者扣 5 分，直至 40 分扣完	单人操作考核	5min		
翻肛鉴别的速度	20	鉴别要求 30 羽/分钟，每少 1 羽扣 2 分，直至 20 分扣完				

2. 实训报告

结合实训步骤、初生雏雌雄鉴别的理论依据以及翻肛鉴别操作要领及注意事项，写出实训总结报告。

项目六　生态鸡放养技术及产蛋期饲养管理

[知识目标]

1. 明确生态鸡放养地点的选择。
2. 明确生态鸡放养场所类型模式。
3. 掌握生态鸡饲养规模及放养的具体方法。
4. 重点掌握产蛋鸡的生理特点、产蛋规律及饲养管理技术。

[技能目标]

1. 能够根据当地的实际情况选择恰当的放养类型、养殖规模及饲养管理技术。
2. 能够做好蛋鸡开产前的各项准备。
3. 能够掌握产蛋期产蛋规律，并开展蛋的构造和品质测定。

[课程思政目标]

1. 培养学生认真负责、爱岗敬业的工作态度和严谨求实、一丝不苟的工匠精神。
2. 培养学生热爱自然、崇尚科学、大胆创新的精神。
3. 培养学生善于思考问题、分析问题、解决问题的能力。
4. 培养学生绿色生态养殖理念，树立安全环保意识。

[必备知识]

一、生态鸡放养地点的选择及放养场所类型模式

（一）放养地点的选择

生态鸡放养场地的选择首先是要考虑当地的自然条件，并符合以下几方面

的要求。

1. 地理位置

场地要远离居民区，有利于疫病隔离，同时避免造成居民生活环境的污染。如果把场地建在村庄附近，一方面疫病容易流行，另一方面鸡粪会造成空气水源的污染，在夏天造成苍蝇、蚊子滋生，影响到居民正常生活。但是也不要选择太偏僻的地方，还应兼顾交通便利，以运输、用电方便为宜。一般要求放养地距城镇公路不超过 5km，有便道通往主要公路。

2. 地势地形

鸡舍应建在地势高燥的地方，有利于排水防止舍内和舍外场地潮湿。地形要求有一定的坡度，而且坡面向阳，有利于冬季防寒保暖。选择放牧场地时，尽量选择较平坦的地方防止鸡腿部受伤。如可以在果园、林地边较高处建造鸡舍，在草原、草场建简易棚舍放养商品鸡。

3. 水电条件

生态养鸡需要丰富的水源和良好的水质。使用地面水或浅层地下水要求没有受到污染，附近不宜有化工厂、屠宰场、大型养鸡技术场等排污企业，条件允许时最好使用自来水或深井水。鸡养殖场对电的依赖性较强，孵化、育雏加温、照明、生活都离不开电。选择场地时，应靠近输电线路，减少供电投资。

（二）放养场所类型模式

鸡群放养场地的类型很多。但是，在不同的地区放养场地的主要类型有差别，不同类型放养场地所放养鸡群的类型也有差别，需要因地制宜进行选择。

1. 果园放养鸡群

一般果园包括苹果园、桃园、梨园、杏园、李子园、柿子园等水果园，也包括核桃园、板栗园、枣园、山楂园、石榴园等干杂果园。果园养鸡要注意预防鸡损坏果实。

对于树干低矮、果枝下垂类型的果树，一般放养白羽肉鸡或速生型黄（麻）羽肉鸡、丝羽乌骨鸡、矮小型粉壳蛋鸡或褐壳蛋鸡。这些鸡跳跃能力差，很少会上到树上，不会对果实造成危害。树干较高的水果园、干杂果园，各种类型的鸡都可以放养。樱桃、鲜桃等一些成熟期早的果园，也可以在水果采摘后（6~11 月）利用果园场地放养各种类型的鸡群。

2. 林地放养鸡群

在农村有着大量的林地，尤其山区，林地空间大，地面有较多的各类虫子，是放养鸡群的重要场地。林地内适合各种类型鸡群的放牧养殖。一些山区为了防止水土流失也种植了大片的杂木林，当树龄超过 5 年后，树根扎得比较深，固土和保墒能力较强，用于生态养鸡也是比较理想的。

3. 山沟放养鸡群

近几年植树造林，绿化山坡，许多山沟的自然植被条件很好，各种树木，包括大量的灌木和杂草丛生，草丛中各类虫子数量很多，能够为鸡群提供丰富的天然饲料，是很好的生态鸡放养场地。

4. 绿化用苗木地放养鸡群

近年来不少地方把种植绿化用苗木作为发展地方经济的一个重要产业。在成片的苗木地内也可以放养鸡群。

5. 滩地放养鸡群

在一些没有耕种的滩地，每年 4 月以后就会有大量的杂草，杂草中会滋生许多虫子。利用滩地放养鸡群在一些地方也是生态养鸡的重要模式。在有水源地养鸡应注意是不是饮用水源，是否允许养鸡。

在上述各种放养场地中可以有计划地人工种植一些牧草以增加场地内青绿饲料的数量。要在鸡群开始放养前使牧草有一定的生长期，因为刚出土的草芽根系很少，容易被鸡连根刨出。通常牧草可以秋播也可以春播，一般的放养场地可以采用秋播方式，尤其是一年生黑麦草。因为，大多数地方进入深秋之后停止鸡群的野外放养，给牧草一个生长的时期。采用生态放养模式的生产者，要在开始养鸡之前提早种植多年生牧草，最好提前一年。经过一年生长的牧草其根部已经在地下扎得比较牢，耐践踏、耐放牧的性能比较好，且一年后的牧草产量也比较高。

二、生态鸡饲养规模及放养的具体方法

（一）规模

生态鸡饲养规模一般为每亩林地放养 250 羽左右，每亩果园放养 300 羽。密度过大、草虫等饵料不足，增加精料饲喂量，增加生产成本，还会影响鸡肉、蛋的口味；密度过小造成资源浪费，经济效益低。放养规模一般以每群 1300 羽左右为宜。

（二）生态鸡放养的饲养管理

1. 佩戴脚环

佩戴脚环目的是对放养鸡进行质量安全跟踪管理，做到产品源头可追溯。因此，雏鸡放养前应佩戴可追溯脚环。

2. 转群

转群选择在晚上进行，减少因应激、惊吓、挤压等因素造成的鸡只死亡。转群到放养场前后 3d 应在饮水中加入电解质多维，以防转群应激。

3. 放养调教

转入放养鸡舍的脱温鸡不宜立即放养，应在放养鸡舍内进行5~7d的适应性饲养，避免鸡放养后不回放养鸡舍过夜。投料时以拍打料桶、吹口哨等方法进行适应性训练，让鸡跟随采食；傍晚，再采用相同的方法，进行归巢训练，使鸡产生条件反射形成习惯性行为。雏鸡放养前一周要减少人工光照时间，过渡到自然光照时间。

4. 放养时长

选择天气暖和的晴天放养，开始几天，每天放养2~4h，以后逐月增加放养时间。

5. 放养地点控制

放养地点最初选在鸡舍周围，逐渐由近到远，可通过移动料桶、料槽的方法训练。

6. 放养过渡

雏鸡进入放养场后用雏鸡料过渡1周，同时让其在放养场内自由采食虫、草及草籽等自然饲料，不足部分用玉米、谷物、小麦、米糠、豆类等直接饲喂或用几种原粮混合饲喂。每天早上补料时喂六、七成饱，促进鸡群寻找食物，增加鸡群活动量，采食更多的有机质和营养物。下午太阳落山前将鸡群收回鸡舍，晚餐一定要喂饱。放养场内可人工种植紫花苜蓿、三叶草、金荞麦等优质牧草作为补充。

7. 公母分群饲养

7周后公母分群饲养，在150~160日龄上市，有利于提高成活率与群体整齐度。

8. 分区轮牧

根据放养区规模和植被状况，将放养区划分为若干小区，用围墙、尼龙网或铁丝网等隔开，高度不低于1.8m。实行分区轮流放养。每一小区放养同一批次的生长鸡，便于统一饲喂、统一管理。每一小区放养鸡群的数量及放养持续时间应根据小区植被的利用情况而定，原则上以有利于植被再生长、不造成植被过牧为宜。一般每亩不超过50羽。

9. 防雨防寒

刮风下雨、露水太大时应停止放养，防止淋湿羽毛而受寒生病。及时收听天气预报，在暴风、雨、雪来临前，做好防风、防雨、防漏、防寒工作。

10. 防中毒

放养场地周围禁止喷洒农药。刚放养时最好用尼龙网或竹篱笆圈定放养范围，以防鸡到处乱窜，采食到喷过杀虫药的果叶和被污染的青草等。鸡养殖场应常备解毒药物（解磷定、阿托品），以防不测。

11. 日常观察

日常管理中注意观察鸡的行为姿态，羽毛蓬松度和光泽，粪便状态与颜色，发现异常鸡应及时挑出隔离。

（三）四季放养的注意事项

（1）平时应对鸡舍勤清理，做好环境卫生消毒工作。

（2）按“全进全出”的原则进行饲养，每批鸡放养结束后应对鸡舍内严格彻底清扫、熏蒸消毒，鸡舍外散养地用犁深翻，灌水、种草，便于再养下一批鸡。

（3）放养时每天应注意收听收看天气预报。遇到恶劣天气或天气不好时，不要往外散养，应采取舍饲。如下暴雨、冰雹、刮大风时应及时将鸡群赶回鸡舍内，以防发生意外。

（4）林下养鸡需要注意的病害重点是寄生虫病。一方面，因为是自行觅食，所以鸡群有可能会吃下大量的虫类，这些虫类本身会带有寄生虫，所以在给鸡喂食的时候，可以适量添加一些驱虫的药物。另一方面，还要注意环境卫生和生物安全，保证鸡群健康。

三、产蛋期的饲养管理

（一）产蛋鸡的生理特点

刚开产的母鸡虽然已性成熟，开始产蛋，但机体还没有发育完全。18 周龄母鸡体重仍在继续增长，到 40 周龄时生长发育基本停止，体重增长极少，40 周龄后体重增加多为脂肪积蓄。不同周龄的产蛋鸡对营养物质利用率不同：母鸡刚达性成熟时（17~18 周龄），成熟的卵巢释放雌性激素，使母鸡储钙能力显著增加；开产至产蛋高峰期，鸡对营养物质的消化吸收能力增强，采食量持续增加；到产蛋后期消化吸收能力减弱，脂肪沉积能力增强。产蛋母鸡在第一个产蛋周期体重、蛋重和产蛋量均有一定规律性的变化，依据这些变化特点划分为三个时期：产蛋前期、产蛋高峰期、产蛋后期。

（二）开产前的准备

1. 做好转群上笼工作

蛋鸡在预产期就要进行转群上笼，使其适应新的环境。在转群上笼前要对鸡舍及设备进行检修，查看喂料、饮水、供电照明、排水、通风换气等系统以及舍内的设备是否存在异常，发现问题要及时处理。在转群上笼前要将鸡舍以及工具进行彻底、全面的清洗和消毒。在清扫时要注意将上一批鸡群留下的粪便、灰尘等污物彻底清理干净，然后冲洗，待干燥后再进行消毒。另外，还要将舍内的工具、器械、药品、饲料以及一些工作记录准备好，并安排好饲养人员。

确定好蛋鸡转群上笼的日龄，注意上笼时间不宜过晚，否则会使开产时间推迟，影响产蛋率。已开产的母鸡在经过转群后还会产生极大的应激，极易导致蛋鸡停产，增加死淘率。因此，在产蛋前就要安排蛋鸡上笼，让蛋鸡有时间适应新的环境。在转群上笼工作进行时，为了提高鸡群的均匀度，要对鸡群进行一次选留淘汰，将生长发育良好、精神状态良好、体质健壮、体重达到标准的蛋鸡留下，将体型较小、体质较弱、无饲养价值的蛋鸡进行淘汰。对于一些较小或较大的鸡，如果体质较好，只是体重不达标准，则可以不淘汰，以免造成生产成本上升，可将其单独饲养，调整营养以及饲喂方式，使其生长均匀整齐。

2. 做好驱虫和免疫工作

蛋鸡开产前要进行免疫接种工作，可以有效防止蛋鸡在产蛋期患传染病。要结合本场情况制定科学合理的免疫程序，并严格按照程序来执行，疫苗要购自正规的厂家，并且要按照说明妥善保存，以保证质量。选择适当的接种方法，并正确操作，注意接种的剂量要准确。接种后要进行抗体检测来检查接种效果，以便及时进行补免，防止漏免现象的发生，使蛋鸡有着足够的抗体水平抵抗疾病。开产前还要对鸡群进行驱虫处理，可以在饲料中拌入驱虫药，也可在饮水中添加驱虫的药剂，每天 1 次，连用 2d。当球虫污染严重时，可在蛋鸡上笼后继续使用 1 周左右抗球虫的药。

3. 做好光照管理工作

光照对鸡的繁殖机能影响较大，会对蛋鸡的产蛋性能产生较大的影响。适当延长光照可以刺激性激素的分泌，促进蛋鸡产蛋；缩短光照则会抑制性激素的分泌，使蛋鸡的排卵和产蛋受到抑制。另外，光照还可以调节后备鸡的性成熟，使母鸡的开产整齐。因此，开产前做好蛋鸡的光照管理工作非常重要。对开产前的初产母鸡提前进行光照刺激可以适当将开产时间提前，从而降低了生产成本。光照的管理要求：体重达到标准的蛋鸡，可在开产前将光照时间延长至 13h，每周增加 20min，直至光照时间为 16h；对于体重较小的鸡可以在 18~20 周龄时进行光照刺激。注意光照时间要逐渐增加，不可以突然延长光照时间，否则会引起蛋鸡脱肛。除了光照时间，还要控制好光照强度，光照强度要适宜，过强易导致蛋鸡形成啄癖，光照强度过弱则起不到刺激的作用。一般开产前的光照强度以 10~20lx 为宜。

4. 加强饲养管理工作

要加强开产前的饲养管理工作，良好的饲养管理不但可使产蛋率提高，还可以延长产蛋高峰期，减少死亡和淘汰的数量。在开产前要给蛋鸡提供充足且合理的营养，使其有足够的储备为产蛋做准备，尤其是要注意日粮中钙的含量。因蛋鸡产蛋形成蛋壳对钙的需求量提高，所以为了确保蛋鸡高产，提高蛋壳的质量，应在开产前提高日粮中的钙含量。一般从 17 周龄开始日粮中钙的含量应为 2.2%左右。开产前要让蛋鸡自由采食，让其吃饱，以保证营养充足、均衡。另外，蛋鸡产蛋时的代谢较为旺盛，对水的需求量较大，因此还要提供充足的饮水，否则会导致产蛋率下降。

采取切实有效的方法来减少应激反应的发生。合理的安排工作时间，尽量将转群和接种工作安排在晚上进行，动作要轻。入笼前准备好饲料和饮水，并保持适宜的光照时间和强度。保持工作程序、饲养人员的稳定性，在更换饲料时要逐渐过渡。

（三）产蛋期产蛋规律

1. 产蛋前期

产蛋前期是指开始产蛋到产蛋率达到 80%，通常是从 21 周龄初到 28 周龄末。少数品种的鸡开产日龄及产蛋高峰都前移到 19~23 周龄。这个时期的特点是产蛋率增长很快，以每周 20%~30%的幅度上升。鸡的体重和蛋重也都在增加。体重平均每周可增长 30~40g，蛋重每周增加 1.29g 左右。

2. 产蛋高峰期

当鸡群的产蛋率上升到 80%时，即进入了产蛋高峰期。80%产蛋率到最高峰值产蛋率，上升得很快，通常 3~4 周便可升到 92%~95%。90%以上的产蛋率一般可以维持 10~20 周，然后缓慢下降。当产蛋率降到 80%以下，产蛋高峰期结束。现代蛋鸡品种产蛋高峰期通常可以维持 6 个月左右。72 周时产蛋率仍保持在 65%左右。

3. 产蛋后期

从周平均产蛋率 80%以下至鸡群淘汰，称为产蛋后期，通常指 60~72 周龄。产蛋后期周平均产蛋率下降幅度要比高峰期下降幅度大一些。

（四）产蛋期饲养

（1）饮水　饮水要清洁充足，终日不断，冬季饮温水，夏季饮凉水。

（2）喂食　定时定量，每天喂 3~4 次，间隔时间相同，不同周龄每羽鸡每天喂食量不同。

（3）分段饲养　产蛋鸡按产蛋期和产蛋率分三段，饲喂三种配合饲料：19 周龄~21 周龄（产蛋率 5%）为预产蛋鸡，22 周龄~42 周龄（产蛋率 5%—产蛋高峰期—产蛋率 80%）为产蛋高峰期，43 周龄（产蛋率 80%以下）至淘汰为产蛋后期。更换饲料要在产蛋上升前或下降后逐渐换料，过渡换料方法与育成期过渡方法相同。

（4）生料干喂，也可湿喂 拌水不可过早过多，应保持饲料松散不成团。

（5）补喂砂粒或石灰石粒 每周喂直径3~5mm的清洁砂粒一次，每只鸡每次5g。

（6）饲养方式 产蛋鸡以笼养为主。

（五）产蛋期管理

每天12~14点必须有一定的空槽时间，防止饲料长期在料槽存放，使鸡形成厌食和挑食的恶习。每次投料时应边投边匀，使投入的料均匀分布于料槽里，投入后约30min左右要匀一次料。这是因为鸡在投料后的前10min采食很快，之后会挑食勾料，即鸡会把槽里的料勾成小堆，使槽里的饲料分布极不均匀。鸡还常常将料勾到槽外，既造成饲料的浪费又影响其他鸡的采食，因此每次喂料添加量不要超过槽深的三分之一。

产蛋期蛋鸡的饮水量与体重、环境温度有关，饮水量随舍温和产蛋率的升高而增多。产蛋期蛋鸡不能断水，有资料表明鸡群断水24h，产蛋率减少30%，须25~30d的时间才能恢复正常。各种原因引起的饮水不足都会显著影响饲料采食量。为减少蛋的破损及污染，要及时拣蛋，每天拣蛋3~4次，拣蛋次数越多越好。

喂料时和喂完料后是观察鸡群精神健康状况的最好时机，有病的往往不上前吃料，或采食速度不快，甚至啄几下就不吃了，健康的鸡在刚要喂料时出现躁动不安的急切状态，喂上料后埋头快速采食。发现采食不好的鸡时，要进一步仔细观察它的神态、冠髯颜色和被毛状况等，挑出来隔离饲养治疗或淘汰下笼。饲养人员每天还应注意观察鸡群排粪情况，了解鸡的健康情况。如黄曲霉毒素中毒、食盐过量、副伤寒等疾病排水样粪便；急性新城疫、禽霍乱等疾病排绿色或黄绿色粪便；粪便带血可能是混合型球虫感染；黑色粪便可能是肌胃或十二指肠出血或溃疡；粪便中带有大量尿酸盐，可能是肾脏有炎症或钙磷比例失调、痛风等。

[实操训练]

实训 蛋的构造和品质测定

（一）实训目的

了解蛋的构造，掌握蛋的品质测定方法，检验蛋的新鲜度、食用品质，进行蛋品的分级。

（二）教学资源

1. 材料

新鲜鸡蛋若干枚，保存 4 周以上的陈鸡蛋若干枚，煮熟的新鲜鸡蛋若干枚。

2. 用具

照蛋器、电子秤或粗天平、培养皿、放大镜、剪刀、手术刀、镊子、液体比重计、配制好的不同相对密度（曾称比重）的盐溶液、蛋清高度测定仪、蛋壳强度测定仪、蛋壳厚度测定仪、蛋形指数测定仪、蛋清蛋黄分离器、罗氏（Roche）比色扇、光电反射式色度仪。

（三）方法与步骤

1. 蛋的构造（图 6-1）

（1）蛋壳　蛋壳上有无数个气孔，用照蛋器可以清楚地看到气孔的分布。

（2）蛋壳膜　蛋壳膜分为两层，紧贴蛋壳的称为外壳膜，包围蛋内容物的称为蛋白膜，又称内壳膜，外壳膜和内壳膜在蛋的钝端分离而形成气室。

（3）蛋清　由外稀蛋清（约占 23%）、浓蛋清（约占 57%）、内稀蛋清（约占 17.3%）、系带浓蛋清（约占 2.7%）组成。

（4）系带　在蛋黄的纵向两侧有两条相互反向扭转的白带称为系带。

（5）蛋黄　蛋黄是由多层组成的，分别为蛋黄膜、浅蛋黄、深蛋黄、蛋黄心、胚盘（或胚珠）。胚盘（或胚珠）位于蛋黄的表层。胚盘在蛋黄中央有一直径 3~4mm 的里亮外暗圆点，而胚珠此圆点不透明且无明暗之分。

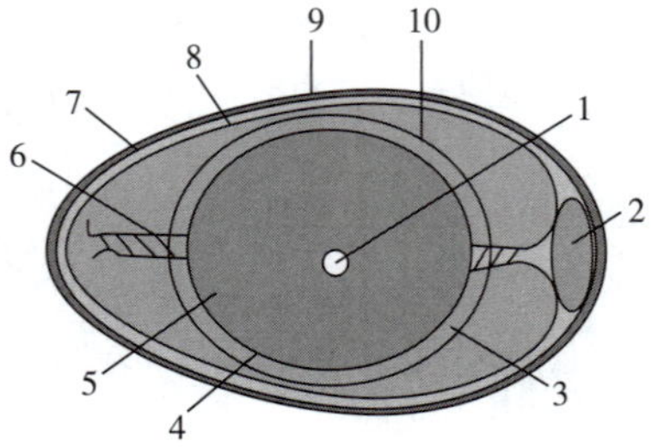

1—胚盘；2—气室；3—浓蛋清；4—蛋黄膜；5—蛋黄；
6—系带；7—外壳膜；8—内壳膜；9—蛋壳；10—稀蛋清。

图 6-1　蛋的构造

2. 观察蛋的构造

（1）气室 用照蛋器观察新鲜鸡蛋和陈鸡蛋的气室变化，新鲜鸡蛋的气室相对小些，一般直径为0.9cm，高度为2mm。观察气孔的分布。

（2）层次 将煮熟的鸡蛋剥壳后用刀纵向切开，观察蛋清层次、蛋黄深浅层及蛋黄心。

（3）剖检

①将蛋平放在培养皿上，用刀或手术剪在蛋壳的平面上开一个小洞，用镊子扩大洞口，观察胚盘或胚珠。

②将蛋打入培养皿内，观察蛋的构造及内容物，用剪子将浓蛋清剪开，可发现蛋内稀蛋白流出，仔细观察两条系带。

③用蛋黄蛋清分离器将蛋黄和蛋清分离，分别称量蛋、蛋壳、蛋清、蛋黄的质量，并计算各部分占蛋的质量的比例。

3. 蛋的品质测定

蛋的品质测定方法有很多种，常用外观法、透视法、剖检法、仪器测定法等。下文仅介绍仪器测定法。

（1）蛋的质量 用电子秤或粗天平称蛋的质量。鸡蛋的质量一般为40~70g。

（2）蛋壳颜色 用光电反射式色度仪测定。颜色越深，反射测定值越小，反之则越大。用该仪器在蛋的大头、中间和小头分别测定，求其平均值。一般情况下，白壳蛋蛋壳颜色测定值为75以上，褐壳蛋为20~40，浅褐壳蛋为40~70，而绿壳蛋为50~60。

（3）蛋形指数 蛋形是由蛋的长径与短径比例，即蛋形指数来表示。蛋形指数是蛋的质量的重要指标，它与受精率、孵化率及运输有直接关系。正常鸡蛋的蛋形指数为1.32~1.39，标准为1.35。

（4）蛋的相对密度 蛋的相对密度不仅能反映蛋的新陈程度，也与蛋壳的致密度有关。测定方法是在每3000mL水中加入不同量的食盐，配制成不同浓度的盐溶液，用液体比重计校正后使每份溶液的相对密度依次相差0.005。详见表6-1。测定时先将蛋浸入清水中，然后依次从低相对密度向高相对密度溶液浸入，当蛋悬浮于液体中即表明其相对密度与该溶液相对密度相等。鸡蛋适宜的相对密度为1.080以上。

表6-1 不同相对密度的食盐溶液配制表（3000mL水）

溶液相对密度	1.060	1.065	1.070	1.075	1.080	1.085	1.090	1.095	1.100
加入食盐量/g	276	300	324	348	372	396	420	444	468

（5）蛋壳强度　蛋壳强度是指蛋壳耐压程度的大小，是蛋壳致密坚固性的重要指标，单位为 Pa。蛋壳强度可用蛋壳强度测定仪进行测定，国际上要求蛋在竖放时能承受 $2.65\times10^5\sim3.5\times10^5$Pa 压力。据测定，鸡蛋在 2.94×10^5Pa 下不破裂。鸡蛋纵轴的耐压性大于横轴。

（6）蛋清高度和哈氏单位

蛋清高度：将蛋打在蛋清高度测定仪的玻璃板上，用测定仪在浓蛋清的较平坦的地方取三点（每个点均为蛋黄外缘和浓蛋清外缘的中间点，该三点大约呈一个等边三角形），求其平均值，单位为 mm。注意避开系带。

哈氏单位：根据蛋重和浓蛋清高度，按式 6-1 计算出其指标。该指标用来衡量蛋清品质和蛋的新鲜程度，是现在国际上对蛋品质评定的重要指标和常用方法。新鲜蛋的哈氏单位为 75~85，蛋的等级为 AA 级。

$$\text{哈氏单位（HU）}=100\lg(H-1.7W^{0.37}+7.6) \tag{6-1}$$

式中　H——浓蛋清高度，mm

W——蛋重，g

随着存放时间的延长，蛋白质水解，浓蛋清变稀，蛋清高度下降，哈氏单位变小。当哈氏单位小于 31 时则为次蛋。

（7）血斑与肉斑　是排卵时，卵巢小血管破裂的血滴或输卵管上皮脱落物形成的。与种质特性有一定关系。

（8）蛋黄颜色　是衡量蛋黄颜色深浅的指标。蛋黄的颜色对蛋的商品价值和价格有很大影响，国际上通常用罗氏比色扇的 15 种不同黄色色调等级比色，出口鲜蛋的蛋黄色调等级要求达到 8 级以上。饲料叶黄素是影响蛋黄颜色的主要因素。

（9）蛋黄占比　能反映出蛋黄所占全蛋的比例，数值大表示蛋品质较好（式 6-2）。将蛋打破，去除蛋清及系带后，测定蛋黄质量。

$$\text{蛋黄占比}=(\text{蛋黄质量}/\text{蛋质量})\times100\% \tag{6-2}$$

（10）蛋壳厚度　指蛋壳的致密度。蛋壳厚度受品种、气候、饲料等影响。蛋壳厚度与蛋壳强度呈正相关，良好的蛋壳厚度在一般为 0.33~0.35mm。蛋壳厚度在 0.25mm 以下时，会产生 85%左右的破壳蛋。蛋壳厚度与蛋的相对密度密切相关，蛋壳越厚，蛋的比重越大。

蛋壳厚度的测量方法：分别取蛋的大头、小头、中间部分的蛋壳，用镊子剔除内壳膜，用蛋壳厚度测定仪分别测其厚度，再将三点的值平均（单位为 μm）。也可使用超声波蛋壳厚度测定仪直接读取厚度。

（四）实训报告

1. 在蛋的纵剖面图上注明蛋构造的各部位名称。

2. 每组测定 2～3 枚鸡蛋，将测定结果填入蛋的品质测定记录表中（表 6-2）。

表 6-2　　　　蛋的品质测定记录表

测定人：

测定时间：　年　　月　日

蛋号	蛋质量/g	蛋壳颜色				蛋形指数			气室直径/cm	相对密度	蛋壳强度/Pa
		大	中	小	均值	短径	长径	比值			

蛋清高度/mm			哈氏单位	等级	血斑	肉斑	蛋黄颜色
1	2	均值					

蛋壳厚度/μm				蛋清		蛋黄		蛋壳		备注
大	中	小	均值	质量/g	占比/%	质量/g	占比/%	质量/g	占比/%	

项目七　生态放养鸡的健康保护

[**知识目标**]

1. 了解生态鸡疾病发生的基本特征。
2. 掌握生态鸡养殖综合防疫措施。
3. 明确生态鸡生物安全体系建立的意义及内容。

[**技能目标**]

1. 能够建立合理的生态鸡养殖综合防疫措施。
2. 能对家禽开展免疫接种工作。
3. 能够选择适合的消毒药品开展消毒工作。
4. 能够开展生态鸡生物安全各项工作。

[**课程思政目标**]

1. 培养学生“懂农业、爱农村、爱农民”的“大国三农”情怀，热爱畜牧兽医事业。

2. 培养学生具有良好的职业精神、工匠精神和劳动精神，具备从事本专业安全生产、公共卫生和环境保护的意识。

3. 加强学生刻苦钻研、精益求精工匠精神的培养。

4. 培养学生绿色生态养殖理念。

[**必备知识**]

一、生态鸡疾病发生的基本特征

生态放养鸡实际上是利用当地的气候资源、地貌环境，采用生态放养技术，把不同品种的鸡散养在野外。自然而然地与外界直接接触，对于疫病的防疫有一定的好处。放养鸡饲养密度小、舍内通风好、不易患呼吸道疾病；活动范围广、运动量大、体质好；采食的树叶、草叶、草籽、昆虫等，含有丰富的蛋白质、多种维生素及矿物质，可以提高生态放养鸡的抗病能力。但是，也存在一些不利因素，如环境不容易控制、气候多变等，也会引发一些疾病。所以，一定要做好生态放养鸡的防疫、消毒以及疾病的防治等工作，确保生态放养鸡的健康。

（一）生态放养鸡抗病力强

生态放养鸡养殖主要在放养状态，发病率较低，普遍比笼养鸡抗病力强，究其原因有以下几点。

1. 饲养密度小，舍内通风好，不易患呼吸道疾病

生态鸡放养的果园、林间、农田、草地等，一般饲养密度在30~50羽/亩。舍内的饲养密度也不超过10羽/m^2，舍内粉尘、氨气、硫化氢等有害气体的浓度很低，一般很少患喉气管炎、支气管炎等呼吸道疾病。育雏阶段有时发生呼吸道疾病，但放养后，鸡群饲养密度小、舍内通风好、空气新鲜，很少患呼吸道疾病。

2. 活动范围广，运动量大，体质好

生态放养的鸡，其活动半径大大增加，一般每天的活动半径在500~1000m。在觅食过程中，不停地奔跑、跳跃、打斗，增加了肺活量，促进了肌肉的增长；放养期间，采食鲜嫩的树叶、草叶以及成熟的植物籽实，这些物质中不仅含有丰富的蛋白质，还含有鸡必需的多种维生素、微量元素；采食的某些植物具有保健作用，可较好增强生态鸡的体质。

3. 太阳光的紫外线照射作用，不易患骨软病等代谢病

生态鸡放养，在太阳下的照射时间较长，紫外线照射具有消毒及促进产生维生素的作用。放养鸡长期在阳光下照射，可给鸡体表及周围环境进行消毒，并使鸡皮肤中的7-脱氢胆固醇转化为维生素D_3，减少骨软病的发生。

4. 抗病力强，不易患营养缺乏症

生态鸡放养过程中，从周围的环境中采食大量的蝗虫、蚂蚱、蚯蚓、蝇蛆等，这些动物不仅可以提供大量的优质蛋白质，而且体内还含有丰富的抗菌肽。据报道，抗菌肽具有广谱抗菌性，不仅对多种细菌、真菌，而且对多种病毒均有杀灭作用。所以，生态放养鸡的抗病力强，很少发生营养缺乏症。

（二）生态放养鸡养殖模式不利于疫病的控制

1. 饲养管理技术相对落后，防疫意识淡薄

由于生态放养鸡养殖技术是近几年才兴起的养殖模式，其相关的配套技术相对滞后，标准化养殖标准尚未健全。同时，存在饲养人员、经营管理人员及

从业者的素质普遍不高，不懂专业知识，缺乏疫病防治经验等问题。

2. 种鸡场良种繁育体系尚未健全，传染病较多

目前，由于生态放养鸡饲养水平参差不齐，有相当一部分都是农村自繁自养的本地鸡品种，有些所谓的种鸡场根本没进行过鸡白痢等疾病的净化工作，经种蛋垂直传播的疾病较多。同时，由于孵化场大多数是小规模的，孵化、管理、卫生条件等较差，这些因素均加重疫病的传播。

3. 环境不易控制，易感染球虫、大肠杆菌病

生态放养鸡饲养，鸡直接接触地面，病鸡的鸡粪易污染饲料、饮水、土壤。特别是夏季天热多雨，运动场太潮湿，鸡粪得不到及时清理和堆沤发酵，使得病原体“接力传染、连环传播”，容易造成疫病的流行。

4. 气候多变，环境恶劣

生态放养鸡的外界环境因素多变，易受暴风雨、冰雹、霜雪等恶劣环境的侵袭，导致应激反应大。

（三）生态放养鸡的发病特点

由于生态放养鸡与笼养鸡的饲养管理方式有很大不同，因此，其发病特点也有很大的差异。

1. 呼吸道疾病的发生相对较少

其主要原因是饲养密度小、通风状态良好、活动量大，直接接触新鲜空气和阳光，且采食较多的虫、草等。

2. 寄生虫病多发

生态放养鸡因直接接触地面，病鸡的粪便容易污染饲料、饮水、土壤。夏天天热多雨，运动场潮湿，场内的粪便及其污物得不到及时清理和堆积发酵，使得寄生虫虫卵发育并感染其他鸡，加快寄生虫病的传播。

3. 鸡新城疫、鸡传染性法氏囊病较多

目前，由于生态放养鸡的饲养品种较多，有些孵化场的种蛋来自散养户，无论是鸡的日龄还是免疫程序差别都很大，致使其母源抗体的水平参差不齐，初次免疫的时间不易确定。在放养期，放养鸡因其饲养环境的特殊性，免疫接种时，常常采用饮水法进行免疫。因群体过大，易造成饮水不均，鸡采食青绿饲料和饮用坑洼地的积水，饮水减少，直接影响饮水量和免疫效果，经常发生散发性新城疫。有些养殖户套用现代肉鸡、蛋鸡的免疫程序，免疫程序不尽合理，免疫方法不得当，易造成免疫失败，感染鸡传染性法氏囊病。

二、生态鸡养殖综合防疫措施

鸡病防治是一项复杂的系统工程，其目的是通过采取各种措施和方法，保

证鸡免遭疾病侵害，尤其是传染性疾病的感染。综合防疫涉及养殖场建设、环境净化、饲养管理、卫生保健等各个环节。针对生态鸡疾病的发生，采取综合防疫措施，可以有效地控制鸡病的发生与流行。

（一）生态鸡养殖的防疫基本原则

建立健全防疫机构和疫病防治制度。疫病的防治要坚持“预防为主、养防结合、防重于治”的原则，坚持进行综合防治，搞好饲养管理、卫生防疫、预防接种、检疫、隔离等综合性防治措施。达到提高鸡群的健康水平和抗病能力的目的，杜绝和控制传染病的传播和蔓延。只有做好平时的预防工作，鸡病防治处于主动，才能保证养鸡业的健康发展。

（二）综合防疫措施的基本内容

对于养鸡户来说，最大的顾虑是鸡群发病，尤其是传染性疾病。因此要认真做好预防工作，从预防隔离、饲养管理、环境卫生等方面，做好综合防疫工作。把好引种进雏关；做好生态环境隔离；保证饲料与饮水的卫生；做好免疫接种及预防性投药工作；强化饲养管理，实行“全进全出”饲养制度，为生态鸡养殖创造良好的养殖环境，保证健康水平，提高抗病力。具体涵盖以下内容。

1. 选择合适的场地

从防疫的角度选址，养殖场应选择背风向阳、地势高燥、易于排水、通风良好、水源充足、水质良好的地方。远离易污染单位。规模较大的生态鸡养殖场，生产区和生活区应严格分开。鸡舍的建筑应根据本地区主风向合理布局，从上风向至下风向，依次建筑饲料加工间、育雏间、放养鸡舍。此外，还应建立隔离间、粪便及病死鸡处理设施等。

2. 抓好引种环节

鸡群发生的疫病中，部分是通过引种从种鸡场带来的。抓好引种环节是生态鸡养殖防疫的基础，是防疫的第一道关口。引进雏鸡时，应首先了解当地有无疫情；引进前要对种鸡场的饲养管理、防疫情况进行详细了解，严格把好种鸡引入关。雏鸡应来自非疫区、信誉度高的正规种鸡场。在引种选择时，应考虑当地的实际情况，了解该品种在当地的适应性及性能特点，做出适宜的选择。

3. 科学饲养管理

（1）满足鸡群营养需要　在饲养管理过程中，根据鸡的品种分群饲养，按其不同生长阶段的营养需要、饲养密度、植被情况，供给相应的配合饲料，保证鸡体的营养需要。同时还要供给清洁饮水，合理安排放养时间，提高鸡群的健康水平。这样才能有效控制疫病的发生，特别是营养代谢病的发生。

（2）创造良好的生活环境　饲养环境条件差，往往影响鸡的生长发育，也是诱发疫病的重要因素。要按照鸡群在不同生长阶段的生理特点，控制适当的温度、湿度、光照、通风和饲养密度，尽量减少各种应激因素。

（3）采取“全进全出”的饲养方式　所谓“全进全出”，就是同一栋鸡舍和放养地块在同一时期内只饲养同一日龄的鸡，在同一时期出栏。这种饲养方式简单易行，优点很多，既便于在饲养期内调整日粮、控制适宜的舍温、合理地进行免疫，又便于鸡出栏后对舍内地面、墙壁、房顶、门窗及各种设备彻底打扫、清洗和消毒以及放养地的自然净化。采取这种饲养方式，能够彻底切断各种病原体循环感染的途径，有利于消灭病原体。

（4）做好废弃物的无害化处理　鸡养殖场的废弃物包括鸡粪、死鸡等。鸡养殖场一般在下风向最低位置或围墙外设废弃物处理场。鸡粪经过发酵处理后，当做肥料出售。死鸡常采取焚烧或深埋处理。

（5）做好日常观察工作

①随时掌握鸡群健康状况：逐日观察记录鸡群的采食量、饮水表现、粪便、精神、活动、呼吸等基本情况。统计发病和死亡情况，对鸡病做到“早发现、早诊断、早治疗”，减少经济损失。

②放养期间要做到“五勤”。

一是放鸡时勤观察。开放式带运动场的鸡舍，每天早晨放鸡外出运动时，健康鸡总是争先恐后向外飞跑，弱鸡常常落在后面；病鸡则不愿离舍或停留在栖架上。通过观察可及时发现病鸡并及时治疗和处理，以免疫情传播。

二是清扫时勤观察。清扫鸡舍和清粪时，观察粪便是否正常。正常的鸡粪是软硬适中的堆状或条状物，上面覆有少量的白色尿酸盐沉积物。若粪过稀，则为摄入水分过多或消化不良；若粪便为浅黄色泡沫，可能由肠炎引起；白色稀便则多为鸡白痢；排泄深红色粪便，则为鸡球虫病。

三是补料时勤观察。补料时观察鸡的精神状态，健康鸡特别敏感，往往显示迫不及待感。病弱鸡不吃食或被挤到一边，或吃食动作迟缓，反应迟钝或无反应。病重鸡表现精神沉郁、两眼闭合、低头缩颈、翅膀下垂、呆立不动等。

四是宿窝后勤观察。晚上关灯后注意倾听鸡的呼吸是否正常。如果有咳嗽、气管有啰音，则说明有呼吸道疾病。

五是补料后勤观察。从放养到开产前，若采食量逐渐增加为正常；若表现拒食或采食量逐渐减少则为病鸡。在每天补料后及时对补料量和剩料量记录和总结，以便查明原因。

4. 做好消毒工作

彻底消毒是从根本上消灭病原并切断疫病传播的“链条”，将病原拒之门外，从而控制疫病的发生。

生态放养鸡放养在草地、林地、果园、草场、农田等地方，放养场地面积大，鸡在单位面积内的活动频率低。这些环境阳光充足、温度高、微生物分解作用强，环境的自净作用强，未发生传染性疾病时，一般可不进行人工消毒，通过自然消毒基本上可以做到环境的“净化”。但鸡舍则不同，鸡在鸡舍的活动频繁，污染物较多，相对湿度较大，鸡舍内的消毒必须加强，否则病原体繁衍的机会就会增加。因此，要注意局部环境的卫生管理工作。

（1）消毒方法　根据消毒的方法不同，可分为机械性清除、物理消毒法、化学消毒法及生物消毒法。

①机械性清除：用机械的方法，如清扫、冲洗、洗擦、通风等手段，达到清除病原体的目的，是最常用的一种消毒方法，也是日常卫生工作之一。机械清除并不能杀灭病原体，仅可减少环境中病原体数量。优点是简单易行，使环境清洁、舒适。

②物理消毒法：常用的方法有高温、干燥和紫外线等。高温是最常用且效果最好的物理消毒法，它包括巴氏消毒、煮沸消毒、蒸汽消毒、火焰消毒、焚烧等。在养殖场消毒中，应用较多的是煮沸消毒及蒸汽消毒；在生产中，最彻底的消毒方法是焚烧。

③化学消毒法：是指用化学药物把病原微生物杀死或使其失去活性。使用的化学药物称为消毒剂。理想的消毒剂应对病原微生物的杀灭作用强大，而对人、畜禽的毒性很小或无，不损伤被消毒的物品，易溶于水，消毒能力不因有机物存在而减弱，价廉易得。常用消毒剂有新洁尔灭、高锰酸钾、福尔马林、酒精等。

④生物消毒法：是指对粪便、污水和其他废弃物的生物发酵处理。简便易行，适于普遍推广。在粪便和土壤中有大量的嗜热菌、噬菌体及土壤中的某些抗菌物质，对于微生物有一定的杀灭作用。在鸡生产中，常利用嗜热菌参与粪便的生物发酵过程来消灭其中各种非芽孢型细菌、寄生虫幼虫及虫卵。其原理是嗜热菌可以在高温下发育，在堆肥发酵的开始阶段，一般嗜热菌的发育可使堆肥内的温度达30~35℃，此后堆肥的温度逐渐提高到60~75℃，在此温度下，大多数抵抗力不强的病原菌、寄生虫幼虫和虫卵在几天或3~6周死亡。

（2）养殖场卫生要求与消毒

①鸡养殖场及鸡舍门口应设置消毒池，所有进场人员要脚踏消毒池，消毒池内放置2%~5%漂白粉溶液或2%~4%氢氧化钠溶液，且定期更换。外来人员不得随意进入养殖场，特定情况下，参观人员须经消毒进入。车辆进入鸡养殖场，车轮要经过消毒池，并保证消毒池的长度有一个车轮周长的长度。

②工作人员和用具要固定，用具不能随便借出借入。工作人员每天进入鸡舍前要更换工作服、鞋、帽。工作服要定期消毒。场内的工作鞋不许穿出场，

场外的鞋不许穿进场内。

③鸡舍在进鸡前一定要彻底清洗和消毒。栖架、蛋箱应定期消毒。料槽应定期洗刷、晾晒，否则会使饲料发霉变质。水槽要每天清洗。

④要坚持做好带鸡消毒，用0.3%过氧乙酸或0.05%~0.1%的百毒杀或“1210”对鸡群消毒，用于净化环境和防治疾病。通过带鸡消毒，不仅能够使得鸡舍的地面、墙壁及鸡体和空气中的细菌数量明显减少，还能降低空气中的粉尘、氨气等浓度，夏天还有降温作用。

⑤每批鸡出售后，对鸡舍墙壁、地面、饲养设备以及鸡舍周围彻底冲洗，鸡舍充分干燥后，采用2种以上的消毒剂交替进行三次以上的喷洒消毒。在进下一批鸡之前，再进行一次消毒。消毒剂可选用过氧乙酸、火碱、醛类、碘伏、有机氯制剂、复方季铵盐等，所选消毒剂的使用浓度、配制方法等，见其产品的使用说明书。

⑥放养场内应备有2种以上不同类型的消毒药轮换交替使用，结合平时饲养管理，对鸡舍、放养场地、用具等进行定期消毒。但在免疫前后3d不能使用消毒剂。当发生鸡传染病时，对鸡舍、排泄物、放养场地、用具、物品等，每天进行消毒。

⑦鸡舍清理完毕到进鸡前至少空棚1~2周，防止野鸟、鼠进入鸡舍。

⑧加强饮水和饲料的消毒，彻底杀灭饮用水中的细菌和病毒；加强饲料加工和运输过程中的管理措施防止饲料污染。

5. 科学免疫预防

制定科学的免疫程序，定期接种疫（菌）苗，增强动物机体抵抗力。

（1）免疫程序制定原则

疫苗质量是关键；多发病、烈性病预防为重点；以不发生疫情和给后代提供高而整齐的母源抗体为目的；注重效果，兼顾方便。

（2）免疫接种操作方法

①点眼、滴鼻：滴管先用1mL水试一下，看看有多少滴。以每毫升20~25滴为宜，每只鸡滴2滴，每毫升滴10~12只。

疫苗的稀释要用生理盐水、蒸馏水或专用的稀释液，不能用自来水，以免影响免疫接种的效果。

方法：按照100羽鸡疫苗稀释5.5mL，将鸡一侧眼、鼻朝天，将鸡下方一侧鼻孔堵住，向上侧眼睛或鼻孔滴入疫苗2滴，免疫剂量为1~1.5头份。点眼、滴鼻时滴嘴与鸡眼、鼻距离0.5~1cm。每次点眼、滴鼻后，稍等片刻，待疫苗吸入后放开鸡。同时点眼、滴鼻时，应先点眼、后滴鼻。

②饮水免疫：饮水免疫时饮水器具要充足，彻底清洗饮水用具；根据季节计算好准确的免疫用水量，保障有三分之二的鸡能同时饮水。用来配制疫苗的

饮水最好为蒸馏水、冷开水或深井水；每升水中加入0.1%~0.2%的全脂奶粉或1%~2%的脱脂奶粉，先添加奶粉后加入疫苗配制饮水疫苗。免疫前停水2~4h，以保证鸡群有较强的渴欲，能在3min内把疫苗水饮完。饮水免疫的疫苗剂量为正常免疫的2~2.5倍。

③注射免疫：注射器、针头、胶管等用具免疫前须用75%酒精浸泡30min以上，然后用冷开水冲洗干净，并校正好注射器的注射剂量。颈部皮下注射在颈正中线下1/3处进行，注射时须拇指、食指提起颈部皮肤，针头与鸡颈纵轴平行向后、向下注射。胸部皮下注射可选在翅关节附近胸皮肤处进行，针头呈45°刺入。胸部肌肉注射部位与胸皮下注射部位相同，针头与胸骨平行，雏鸡刺入0.5~1cm、大日龄鸡刺入1~2cm。产蛋鸡注射免疫宜下午进行，以皮下注射为宜。灭活疫苗注射前须预温并震摇均匀。

④刺种免疫：适宜鸡痘、鸡脑脊髓炎疫苗免疫。刺种部位为翅内侧三角区无血管处。刺种时刺种针垂直向下刺入。

（3）免疫程序

①种鸡参考免疫程序见表7-1。

表7-1 种鸡免疫程序

日龄/d	疫苗名称	接种剂量	免疫方式
1	鸡马立克氏活疫苗（MD CV1988株）	1头份/羽	颈部皮下注射
	新城疫、传染性支气管炎二联活疫苗（Lasota株+H120株）	1头份/羽	点眼滴鼻
6	鸡传染性支气管炎灭活苗（M41株）	0.3mL/羽	颈部皮下注射
	新城疫、传染性支气管炎二联活疫苗（Lasota株+H120株）	1头份/羽	点眼滴鼻
8	鸡病毒性关节炎活疫苗（REO活疫苗）	1头份/羽	颈部皮下注射
10	鸡新城疫病毒、禽流感灭活疫苗（ND+H9二联灭活苗）	0.3mL/羽	颈部皮下注射
	鸡传染性法氏囊病活疫苗（B78株）	1头份/羽	滴口
14	禽流感（H5+H7）三价DNA疫苗灭活疫苗[pH5-FJ（H5-Re13）株+pH5-SX（H5-Re14）株+pH7-YN（H7-Re4）株]	0.3mL/羽	左胸肌注射
20	新城疫、传染性支气管炎二联活疫苗（Lasota株+H120株）	1头份/羽	点眼滴鼻
	鸡痘活疫苗（鹌鹑化弱毒株）	1头份/羽	刺种

续表

日龄/d	疫苗名称	接种剂量	免疫方式
25	鸡新城疫病毒、禽流感 H9 灭活疫苗（Lasota 株+HP 株）	0.5mL/羽	右胸肌注射
	鸡新城疫活疫苗（I 系）	1.5 头份/羽	左胸肌注射
30	禽流感（H5+H7）三价 DNA 疫苗灭活疫苗［pH5-FJ（H5-Re13）株+pH5-SX（H5-Re14）株+pH7-YN（H7-Re4）株］	0.5mL/羽	右胸肌注射
35	新城疫、传染性支气管炎二联活疫苗（Lasota 株+H52 株）	1 头份/羽	点眼滴鼻
	鸡传染性鼻炎灭活疫苗（A+B+C 株）	0.5mL/羽	左胸肌注射
40	鸡传染性喉气管炎活疫苗（K317 株）	1 头份/羽	滴眼
50	鸡新城疫活疫苗（I 系）	2 头份/羽	右胸肌注射
60	鸡病毒性关节炎活疫苗（1133 株）	1 头份/羽	颈部皮下注射
70	新城疫、传染性支气管炎二联活疫苗（Lasota 株+H52 株）	1 头份/羽	点眼滴鼻
80	鸡新城疫病毒、禽流感 H9 灭活疫苗（Lasota 株+HP 株）	0.6mL/羽	左胸肌注射
	禽流感（H5+H7）三价 DNA 疫苗灭活疫苗［pH5-FJ（H5-Re13）株+pH5-SX（H5-Re14）株+pH7-YN（H7-Re4）株］	0.6mL/羽	右胸肌注射
90	禽传染性脑脊髓炎、禽痘二联活疫苗（YBF02 株+鹌鹑化弱毒株）	1 头份/羽	刺种
105	鸡传染性鼻炎灭活疫苗（A+B+C 株）	0.5mL/羽	左胸肌注射
	鸡毒支原体灭活疫苗（F 株）	0.5mL/羽	右胸肌注射
120	鸡传染性喉气管炎活疫苗（K317 株）	1 头份/羽	点眼
	鸡病毒性关节炎活疫苗（1133 株）	0.5mL/羽	左胸肌注射
130	新城疫、传染性支气管炎、减蛋综合征三联灭活疫苗（Lasota 株+M41 株+EDS-76 株）	1 头份/羽	右胸肌注射
	鸡新城疫活疫苗（I 系）	2 头份/羽	左胸肌注射

续表

日龄/d	疫苗名称	接种剂量	免疫方式
145	禽流感 H5 亚型灭活疫苗（Re13+Re14 株）	0.7mL/羽	右胸肌注射
	禽流感 H9 亚型灭活疫苗（HP 株）	0.7mL/羽	左胸肌注射
	鸡新城疫灭活疫苗（Lasota 株）	0.3mL/羽	右胸肌注射
	鸡传染性支气管炎灭活疫苗（M41 株）	0.5mL/羽	左胸肌注射
160	新城疫、传染性支气管炎二联活疫苗（Lasota 株+H52 株）	1 头份/羽	点眼滴鼻

②商品蛋鸡参考免疫程序见表 7-2。

表 7-2 商品蛋鸡免疫程序

日龄/d	疫苗名称	接种剂量	免疫方式
1	鸡马立克氏活疫苗（MD CV1988 株）	1 头份/羽	颈部皮下注射
7	新城疫克隆-30+传染性支气管炎三联弱毒疫苗（C-30 株+H120+28/86 株）	1 头份/羽	点眼滴鼻
	鸡新城疫、传染性支气管炎二联灭活疫苗（Lasota 株+M41 株）	0.25~0.3mL/羽	颈部皮下注射
14	鸡传染性法氏囊病活疫苗（B78 株）	1 头份/羽	滴口
19	新城疫克隆-30+传染性支气管炎三联弱毒疫苗（C-30 株+H120+28/86 株）	2 头份/羽	点眼滴鼻
	新城疫灭活疫苗（Lasota 株）（选作）	0.25~0.3mL/羽	颈部皮下注射
26	鸡传染性法氏囊病活疫苗（B78 株）	2 头份/羽	滴口
35	新城疫、传染性支气管炎二联灭活疫苗（Lasota 株+H52 株）	2 头份/羽	点眼滴鼻
	禽流感（H5+H7）三价 DNA 疫苗灭活疫苗［pH5-FJ（H5-Re13）株+pH5-SX（H5-Re14）株+pH7-YN（H7-Re4）株］	0.3mL/羽	左胸肌注射
42~45	传染性喉气管炎弱毒疫苗（K317 株）	1~1.5 头份/羽	涂肛或点眼
55	新城疫活疫苗（Ⅰ系）	2~4 头份/羽	右胸肌注射
	新城疫灭活疫苗（Lasota 株）	0.3~0.5mL/羽	左胸肌注射

续表

日龄/d	疫苗名称	接种剂量	免疫方式
65	禽流感（H5+H7）三价 DNA 疫苗灭活疫苗［pH5-FJ（H5-Re13）株+pH5-SX（H5-Re14）株+pH7-YN（H7-Re4）株］	0.5mL/羽	右胸肌注射
75	鸡传染性支气管炎活疫苗（H52 株）	2 头份/羽	点眼滴鼻
90	传染性喉气管炎弱毒疫苗（K317 株）	1.5~2 头份/羽	涂肛或点眼
110	新城疫活疫苗（Ⅰ系）	4 头份/羽	左胸肌注射
	新城疫、传染性支气管炎、减蛋综合征三联灭活疫苗（Lasota 株+M41 株+EDS-76 株）	0.5~0.7mL/羽	右胸肌注射
120	禽流感（H5+H7）三价 DNA 疫苗灭活疫苗［pH5-FJ（H5-Re13）株+pH5-SX（H5-Re14）株+pH7-YN（H7-Re4）株］	0.5mL/羽	左胸肌注射
130	鸡传染性支气管炎活疫苗（H52 株）（选作）	2 头份/羽	点眼
160~180	鸡新城疫活疫苗（C-30 株）	4 头份/羽	饮水

③商品肉鸡参考免疫程序见表 7-3。

表 7-3　商品肉鸡免疫程序

日龄/d	疫苗名称	接种剂量	免疫方式
1	鸡马立克氏活疫苗（MD CV1988 株）	1 头份/羽	颈部皮下注射
4	鸡传染性支气管炎活疫苗（H120 株）	2 头份/羽	点眼滴鼻
8	新城疫活疫苗（Lasota 株）	1.5 头份/羽	点眼滴鼻
12	鸡传染性法氏囊病活疫苗（B78 株）	1 头份/羽	滴口
20	鸡传染性法氏囊病活疫苗（B78 株）	1 头份/羽	滴口
24	新城疫活疫苗（Lasota 株）	1.5 头份/羽	点眼滴鼻
30	鸡痘活疫苗（鹌鹑化弱毒株）	1 头份/羽	刺种

④放养地方鸡参考免疫程序见表 7-4。

表 7-4　放养地方鸡参考免疫程序

日龄/d	疫苗名	接种剂量	免疫方式
1	鸡马立克氏活疫苗（MD CV1988 株）	1 头份/羽	颈部皮下注射

续表

日龄/d	疫苗名	接种剂量	免疫方式
7	新城疫、传染性支气管炎二联活疫苗（Lasota 株+H120 株）	1 头份/羽	点眼滴鼻
14	鸡传染性法氏囊病活疫苗（B78 株）	1 头份/羽	滴口
16	禽流感（H5+H7）三价 DNA 疫苗灭活疫苗［pH5-FJ（H5-Re13）株+pH5-SX（H5-Re14）株+pH7-YN（H7-Re4）株］	0. 3mL/羽	左胸肌注射
23	新城疫、传染性支气管炎二联活疫苗（Lasota 株+H120 株）	1 头份/羽	点眼滴鼻
50	禽流感（H5+H7）三价 DNA 疫苗灭活疫苗［pH5-FJ（H5-Re13）株+pH5-SX（H5-Re14）株+pH7-YN（H7-Re4）株］	0. 5mL/羽	右胸肌注射
65	新城疫活疫苗（Ⅰ系）	1 头份/羽	左胸肌注射

⑤贵州绿壳蛋鸡参考免疫程序见表 7-5。

表 7-5　　贵州绿壳蛋鸡参考免疫程序

日龄/d	疫苗名称	接种剂量	免疫方式
1	鸡马立克氏活疫苗（MD CV1988 株）	1 头份/羽	颈部皮下注射
10	新城疫、传染性支气管炎二联活疫苗（Lasota 株+H120 株）	1 头份/羽	点眼滴鼻（饮水免疫剂量加倍）
14	新城疫、传染性支气管炎、禽流感 H9 亚型三联灭活疫苗（Lasota 株+M41 株+HP 株）	0. 35 头份/羽	颈部皮下注射（饮水免疫剂量加倍）
	鸡传染性法氏囊病活疫苗（B78 株）	1 头份/羽	滴口
16	禽流感（H5+H7）三价 DNA 疫苗灭活疫苗［pH5-FJ（H5-Re13）株+pH5-SX（H5-Re14）株+pH7-YN（H7-Re4）株］	0. 3mL/羽	颈部皮下注射
22	新城疫、传染性支气管炎二联活疫苗（Lascta 株+H120 株）	1 头份/羽	点眼滴鼻（饮水免疫剂量加倍）
35	鸡传染性喉气管炎、鸡痘二联活疫苗（K317+鹌鹑化弱毒株）	2 头份/羽	刺种
40	鸡传染性鼻炎灭活疫苗（A+B+C 株）	0. 5mL/羽	左胸肌注射

续表

日龄/d	疫苗名称	接种剂量	免疫方式
46	新城疫、传染性支气管炎二联活疫苗（Lasota 株+H52 株）	2 头份/羽	点眼
65	禽流感（H5+H7）三价 DNA 疫苗灭活疫苗［pH5-FJ（H5-Re13）株+pH5-SX（H5-Re14）株+pH7-YN（H7-Re4）株］	0.5mL/羽	右胸肌注射
85	鸡传染性喉气管炎、鸡痘二联活疫苗（K317+鹌鹑化弱毒株）	3 头份/羽	刺种
95	鸡传染性鼻炎灭活疫苗（A+B+C 株）	0.5mL/羽	左胸肌注射
100	新城疫、传染性支气管炎二联活疫苗（Lasota 株+H52 株）	3 头份/羽	点眼
120	禽流感（H5+H7）三价 DNA 疫苗灭活疫苗［pH5-FJ（H5-Re13）株+pH5-SX（H5-Re14）株+pH7-YN（H7-Re4）株］	0.5mL/羽	右胸肌注射
130	新城疫、传染性支气管炎、减蛋综合征三联灭活疫苗（Lasota 株+M41 株+EDS-76 株）	1mL/羽	左胸肌注射
	新城疫、传染性支气管炎二联活疫苗（Lasota 株+H52 株）	3 头份/羽	点眼
250	新城疫活疫苗（Lasota 株）	4 头份/羽	饮水

（4）免疫接种注意事项

①鸡养殖场一定要根据本场的疫情和生产情况，制订本场的免疫计划。兽医人员要有计划地对鸡群进行抗体监测，以确保免疫的最佳时机，检查免疫效果。

②疫苗应符合相应的国家生物制品质量标准，不得使用过期、来源不明、非法生产、标签脱落不能认定或者保存不当的疫苗。

③疫苗在运输过程中应有冷藏箱或保温瓶，严防日光曝晒；储存时应分类保存，避免混淆。

④应按使用说明书使用疫苗，免疫的剂量要准确，方法要得当；已稀释的疫苗应在规定时间内用完。

⑤免疫前后要保护好鸡群，免受野毒的侵袭。要避免各种应激，给鸡群增喂维生素 E 和维生素 C 等，以提高免疫效果。

6. 兽药使用准则

（1）禁止使用国务院兽医行政管理部门规定的禁用药物，禁止使用肾上腺素受体激动剂、蛋白同化激素、精神药物、抗生素滤渣、性激素等。

（2）使用有《兽药生产许可证》、获得农业农村部颁发《兽药 GMP 证书》的兽药生产企业生产的兽药，或农业农村部批准注册进口的兽药。

（3）兽药使用注意配伍禁忌，抗球虫药轮换或穿梭使用，以免产生耐药性。

（4）消毒剂应选择符合《中华人民共和国兽药典》规定的高效、低毒和低残留消毒剂；灭虫、灭鼠应选择符合《农药管理条例》中规定的菊酯类杀虫剂和抗凝血类杀鼠药。

（5）允许使用菊酯类杀虫剂，但注意喷洒农药后 1 个月内不能放鸡。

（6）在接种疫苗期间，禁止使用链霉素、磺胺类、抗病毒西药（利巴韦林、病毒灵等）以及抗病毒中草药。否则会影响放养鸡的免疫系统，产生免疫抑制。

（7）为防止药物残留，产蛋期间禁止使用抗生素。如果鸡患病，选择治疗药物时，应选择对产蛋无影响的药物，并执行严格的休药期。治疗期间产的鸡蛋不可食用。同时，一些药物如利巴韦林、金刚烷胺、金霉素、磺胺类等药物还会影响产蛋。

（8）鸡终生禁用的药物有氯霉素、呋喃类、激素类药物。

三、生物安全体系建立

（一）生态鸡生物安全体系建立的意义及内容

1. 生态鸡生物安全概念

生态鸡生物安全是指预防临床或亚临床疾病发生的一种生态鸡养殖生产体系。核心是预防（防止）病原体进入群体形成危害，是疾病综合防治措施的重要环节。广义的生物安全是指生命的安全，包括鸡体的舒适、安宁、福利。因此，也可以说生物安全就是使养鸡生产处于最佳状态的生产体系。随着科学技术的发展，生物安全的含义是可变的，并不断提高完善的。

2. 建立生态鸡生物安全体系的必要性

鸡生产中疾病发生与否，尤其是传染病的发生与否，已成为企业经济好坏的重要制约因素。为了防止疾病发生，向人类提供安全、卫生的合格产品，建立具有良好生物安全水平的生产体系是极为重要的。

3. 鸡场生物安全体系的内容

鸡场生物安全体系主要包括环境及设施控制、严格人员控制、严格鸡群控制。

（1）环境及设施控制　通过良好的建筑及设施配备，防止鸡舍外的有害病原进入。

①重视场址选择：生态鸡养殖场场址应选择在地势高燥、采光充足、排水良好和隔离条件好的区域。鸡养殖场应远离化工厂、矿场、集贸市场、食品厂、畜牧养殖场、屠宰加工厂、干线公路、村镇居民区等，保持1～3km的距离，这样有利于避免外界与场、场与场之间的疾病传播。

②鸡场内部布局与设计要科学合理：鸡场的布局分区要根据场区的自然条件、地势地形、主导风向和交通道路的具体情况而定。内部布局严格执行生产区和生活区相隔离，鸡舍建筑应符合卫生条件要求，具有防鼠、防虫和防鸟设施。办公和生活场所尽量不受饲料粉尘、粪便气味和其他废弃物的污染。为杜绝各类传染源对鸡群造成的危害，依地势、风向排列各类鸡舍顺序，育雏鸡舍位于上风，顺风向依次为育成鸡舍和成年鸡舍。成年鸡舍中以种鸡为主，种鸡舍可与育雏舍并排，但在下风。根据鸡场条件，可用林带相隔，拉开距离，使空气自然净化。

③合理设计场内道路：道路是场区之间、建筑物与设施、场内与场外联系的纽带。场内道路应净、污分道，雏鸡车和饲料车走净道，物品一般只进不出，毛鸡车、清粪车和死鸡处理走污道，两道互不交叉，出入口分开。场区道路要硬化，道路两旁设排水沟。沟底硬化、不积水，有一定坡度。排水方向从清洁区向污染区。

（2）严格人员管理　人是动物疾病传播中最大的潜在危险因素，是最难防范和极易忽略的传播媒介。人员流动的管理是最困难的，所以，一定要高度重视人在鸡病传播中的影响和作用，防止因人员流动带来的危害。

①合理安排，减少病原侵入的可能性：在生态鸡养殖生产中，全部生产安排、人员活动都应服从生物安全要求，减少病原体及其媒介同生态鸡接触的可能性。

②严格管理：非生产人员不得进入生产区，维修人员须经严格消毒后进入。

③严把入口关：在生态鸡养殖场入口、生产区入口、鸡舍入口、配料间入口，都应设有消毒（更衣）设施，制定详细的规章制度并严格贯彻实施。所有进入场内的人员要严格遵守卫生制度，经淋浴消毒、更衣后入内。如无法进行淋浴，必须更换洁净并经消毒的工作服和工作靴、帽。鸡舍门口设脚踏消毒池或消毒盆，消毒剂每天更换1次。工作人员进入鸡舍必须洗手，脚踏消毒剂，穿工作服、工作靴。工作服不能穿出鸡舍，饲养期间每周至少清洗消毒1次。不同鸡舍的饲养员之间不应串舍，不同功能区人员尽量避免流动。兽医等主管

人员进入各类鸡舍时，一定要按严格执行场区内巡查鸡群的次序，常常按饲养日龄由小到大巡查。

④饲养人员应远离外界家禽群体：禁止携带与饲养生态鸡无关的物品进入场区，尤其禁止生态鸡及其产品进入场区。搞好个人卫生，定期进行健康检查，经常进行生物安全培训，提高防范疾病的卫生意识。人员流动要做好详细的登记、统计记录，并作为档案保留一定时间。

（3）严格生态鸡群体控制

①实行“全进全出”饲养制度：最低以栋为单位“全进全出”，最好以场为单位“全进全出”。同一场内最好饲养同品种、同日龄的生态鸡。当饲养生态鸡出售或淘汰后，至少有15～20d的清洗、消毒、空舍时间，以切断病原体的循环感染和交叉感染。

②创造一个安静、稳定、舒适的生活环境：尽可能减少日常饲养管理中的应激反应，防止生产操作中的污染和感染。做好鸡群的日常观察和健康检查及病情分析，建立免疫和检查档案。减少生产性转群，对物品、设施、工具进行严格清洁消毒处理，减少流通环节的交叉污染。

（二）检疫技术

检疫是指用各种诊断方法对动物及其产品进行疫病检查，及时发现病鸡，采取相应措施，防止疫病的发生和传播。

1. 加强检疫的意义

作为生态鸡养殖场，检疫的主要任务是杜绝病鸡入场，对本场鸡群进行监测，及早发现疫病，及时采取控制措施。

2. 检疫的内容

（1）引进雏鸡和种蛋的检疫　从外场引进雏鸡或种蛋时，必须了解该种鸡场或孵化场的疫情和饲养管理情况，要求无垂直传播的疾病，如鸡白痢、支原体病等。有条件的进行严格的血清学检查，以免将病带入场内。进场后严格隔离观察，一旦发现疫情，立即进行处理。只有通过检疫和消毒，隔离饲养20～30d，确认无病才准进入鸡舍。

（2）定期检疫与监测　危害较大的疫病，根据本场情况应定期进行监测。如新城疫、禽流感、产蛋下降综合征，可采用血凝抑制试验检测鸡群的抗体水平；马立克氏病、传染性法氏囊病、禽霍乱等采用琼脂扩散试验检测；鸡白痢可采用平板凝集法和试管凝集法进行检测。种鸡群的检疫更为重要，如对鸡白痢的定期检疫，发现阳性鸡只立即淘汰，逐步建立无鸡白痢的种鸡群。除采血进行监测之外，有实验室条件的还可定期对网上粪便、墙壁灰尘抽样进行微生物培养，检查病原微生物存在与否。

（3）加强对饲料、水质和舍内空气的监测　每批购进的饲料，除对饲料能量、蛋白质等营养成分检测外，还应该对其是否含沙门氏菌、大肠杆菌、链球菌、葡萄球菌、霉菌及其有毒成分进行检测；对水中含细菌指数的测定；对鸡舍空气中氨气、硫化氢和二氧化碳等有害气体的浓度进行监测。

3. 检疫、销售与运输注意事项

（1）每批放养鸡应按国家相关要求进行检验，取得检验合格证明后出栏。

（2）蛋品出售前做产地检疫，达到清洁、符合品种和质量要求的鸡蛋才能出售。

（3）放养鸡出栏前应禁食 6~8h，抓鸡、装笼、搬运、装卸过程动作要轻，以防挤压和碰伤。

（4）运输设备应清洁、无粪污和化学遗弃物，蛋箱在装卸时要避免破损。

（5）运输工具在运输前应清洁、消毒，运输过程中应防止排泄物泄露。

（三）无害化处理及资源化利用

粪便、污水、尸体等废弃物是病原体的主要载体。粪便应及时运到指定地点，进行堆积生物热处理或干燥处理后作为农业用肥，不得作为其他动物饲料，所有的废弃物必须进行无害化处理。

1. 鸡养殖场废弃物处理

鸡养殖场废弃物（主要指粪便、污水、用过的垫料和其他污染物）内往往含有大量病原，不可随意排放或丢弃，应建专门的收集池，集中处理。鸡粪、垫料废弃物要用专车通过专用通道运出鸡舍进行堆积发酵等无害化处理；养殖场有化粪池，避免粪水直接进入环境。污水应根据情况应用物理、化学或生物方法进行净化处理。

（1）鸡粪的处理方式　主要有堆肥处理和干燥处理两种处理方式。

①堆肥处理：堆肥处理是指鸡粪采用集中堆积，通过微生物作用，对固体鸡粪中的有机物进行降解，使之矿质化、腐殖化和无害化，生产有机肥，实现还田利用的农牧结合方式。堆肥处理是目前鸡粪处理利用的主要方式，主要包括厌氧堆肥和好氧堆肥。

厌氧堆肥是指将鸡粪和作物秸秆等堆肥原料堆积起来，表面用塑料膜或泥浆密封严实或放入发酵罐中，依靠专性和兼性厌氧微生物的作用，杀死病原微生物，降解有机物。其特点是无需通气、翻堆、无耗能；空气与堆肥相隔绝、工艺简单，产品中氮保存量比较多。

好氧堆肥是在有氧条件下对鸡粪进行发酵处理的技术模式，依靠专性和兼性好氧微生物自身的生命活动，把一部分有机物氧化成简单的无机物，同时释放出可供微生物生长活动所需的能量。另一部分有机物则被合成新的胞质，使微生物不断生长繁殖，微生物对有机物进行分解代谢，代谢过程中释放的热量使堆体温度升高并保持在55℃以上，实现粪便无害化，并生产为有机肥料。

好氧堆肥目前主要有以下三种方式。

条垛式堆肥：堆肥场地必须坚固，场地表面材料常用沥青或混凝土，防渗漏、防雨，将鸡粪、作物秸秆等堆肥物堆成条垛状，在好氧条件下进行发酵。采取定区翻堆、设置通风管道等方式充入空气，保证好氧菌对氧气的需要，促使鸡粪发酵、腐熟，经过45~55d的发酵处理后，生产有机肥。

槽式堆肥：槽式堆肥系统堆肥过程是在长而窄“槽”的通道内，将可控通风与定期翻堆相结合。槽式堆肥发酵槽宽为4~6m，深为1~1.2m，堆体高度以0.80m为宜，长度根据实际情况确定，但太短不利于机械化操作。槽式堆肥在发酵过程中添加辅料，经过45~55d的发酵处理后生产有机肥。适用于大中型养殖场、养殖小区和散养密集区。

罐式发酵：发酵罐根据处理能力，容积有3~100m^3各种型号。罐深、直径根据实际情况确定。罐式堆肥在发酵过程中添加辅料，经过45~50d的发酵处理后，生产有机肥。

好氧堆肥温度宜控制在55~65℃，且持续时间不得少于5d，最高温度不宜高于75℃。堆肥时间应根据碳氮比、相对湿度、天气条件，堆肥工艺类型及添加剂的种类确定，适时采用翻堆方式自然通风或其他机械通风装置换气，调节堆肥物料的氧气浓度和温度，经过45~55d的发酵处理后，生产有机肥。

②鸡粪干燥处理：主要包括自然干燥处理和机械干燥处理两种方式。

自然干燥处理是利用太阳能、风能等自然能源，对鸡粪进行无害化干燥。将鸡粪摊铺在空气屋内，采用手工或机械方式对粪垛定期进行翻倒，利用自然能源对鸡粪进行自然干燥。

机械干燥处理是使用干燥机械，通过加温使鸡粪在较短时间内干燥。该方法具有处理速度快、处理量大、消毒灭菌和除臭效果好的特点。干燥后经粉碎、过筛制成有机肥。

2. 病死鸡无害化处理

病死鸡要及时处理，密封装袋后由专用车辆运输到隔离区的无害化处理地点。采用化尸窖法、堆肥发酵法、焚烧法对病死鸡进行处理，杀灭病原体，达到无害化的目的。

（1）化尸窖法　结合养殖场地形特点，原则上在养殖场内风向的末端处，根据养殖场的饲养量，在远离交通要道、水源且地势高的地方，选择符合环保要求的位置，建一个上小下大、深3m左右、四周厚度不少于10cm、池底厚度不少于30cm的混凝土深坑，上面加盖水泥板，并留两个可开启的小门，在坑底部铺撒一定量的生石灰或其他消毒液，通过小门将病死鸡放入，投放后盖严锁死。

(2) 堆肥发酵法　该处理方法非常适合于小型养殖场，不需要一次性处理大量病死鸡。通过将病死鸡与粪便等废弃物一起，掺兑发酵好的、菌群活跃度高的有机肥原料进行堆肥发酵，使病死鸡充分腐烂变成腐殖质，并杀灭病原体，达到无害化处理的目的。

(3) 焚烧法　是处理病死鸡安全、彻底的方法，尤其是在排水困难或有可能造成污染水源的地方，最好设置生物焚化炉。焚化炉要选择利于管理、方便操作，远离生活区、生产区，位于主导风向的下方，对周围居民生活没有影响且符合环保要求的位置。

无论采用哪种方法处理病死鸡时，都要注意防止病原体扩散。在运输、装卸等环节要避免撒漏，运输病死鸡的工具必须与其他运输工具严格分开。每次处理完病死鸡后，必须对运输病死鸡的用具、车辆，病死鸡接触过的地方，工作人员的手套、衣物、鞋等进行彻底消毒。

3. 鸡养殖场污水的处理

鸡养殖场污水的来源主要是冲洗鸡舍、刷洗用具的污水，饮水器漏水及生活污水等。鸡养殖场污水主要通过物理、化学、生物净化处理结合在一起，使污水的水质得到净化和改善，实现污水的无害化处理和资源化利用。

污水首先经格栅沉砂池，去除固体悬浮物进入调节池，调节池中的污水经提升泵定量提升至分离器，将污水中杂质沉淀，并进行污泥干化处理，上清液自流入水解池；将难降解的有机物质分解成小分子、易降解的物质；水解池的出水自流入接触氧化池，通过微生物的作用，最大程度去除水中的污染物质，再自流入沉淀池，最后排放。

[实操训练]

实训一　生态鸡免疫接种技术

（一）实训目的

通过实训，使学生了解生态鸡生产中的常用疫苗，熟悉疫苗的保存、运送和使用前检查方法，掌握活疫苗的稀释和生态鸡免疫接种的操作技术。

（二）教学资源

1. 材料与工具

雏鸡、疫苗、稀释液、生理盐水、连续注射器、金属注射器、玻璃注射器、针头、刺种针或蘸水笔、标准滴瓶或胶头滴管、煮沸消毒锅、气雾发生器、空气压缩机、酒精棉球等。

2. 教学场所

校内教学生产基地或实验室。

（三）方法与步骤

1. 疫苗的保存、运送和使用前检查

（1）疫苗的保存　各种疫苗均应保存在低温、阴暗和干燥场所，灭活苗应在2~8℃保存，防止冻结。弱毒活疫苗应在-15~-10℃保存。

（2）疫苗的运送　要求包装完整，防止碰坏瓶子和散播活的弱毒病原体。运送途中避免日光直射和高温，防止反复冻融，并尽快送到保存地点或预防接种的场所。弱毒疫苗应使用冷藏箱或冷藏车运送，以免其效价降低或丧失。

（3）疫苗用前检查　各种疫苗在使用前，应仔细检查疫苗产品的名称、厂家、批号、有效期、物理性状等是否符合说明书的要求。同时，还要认真阅读说明书，明确使用方法、剂量及其注意事项。对于过期、变质、无标签、无批号、裂瓶漏气、质地异常、来源不明以及未按要求储存的疫苗，均应禁止使用。

经过检查，确实不能使用的疫苗，应立即废弃，不能与可用的疫苗混放在一起。废弃的弱毒疫苗应煮沸消毒或予以深埋。

2. 免疫接种的方法

免疫接种的方法很多，主要有皮下注射法、肌肉注射法、刺种法、涂搽法、点眼和滴鼻法、饮水免疫法、气雾免疫法等。

（1）皮下注射法　雏鸡常在颈背侧皮下部。接种时左手握住雏鸡，使其头朝前腹弯下，用食指与拇指将头颈部背侧皮肤捏起，右手持注射器由前向后针头近于水平从皮肤隆起处刺入皮下，注入疫苗。

（2）肌肉注射法　注射部位常取胸肌、翅膀肩关节四周的肌肉或腿部外侧的肌肉。胸肌注射时从龙骨突起的两侧沿胸骨呈30~40°刺入，避免与胸部垂直刺入，以免刺入胸腔伤及内脏器官。腿部肌肉注射时，朝鸡体方向刺入外侧肌肉，针头与肌肉表面呈35~45°进针，以免刺伤大血管或神经。

（3）饮水免疫法　饮水免疫是将可供口服的疫苗混于水中，鸡通过饮水而获得免疫。为提高饮水免疫效果，必须注意以下几个问题：

①用于饮水免疫的疫苗必须是高效价的，剂量是点眼滴鼻的2倍；

②稀释疫苗用的水质要好，最好用蒸馏水，也可用深井水或冷开水，切不可使用含有漂白粉等消毒剂的自来水；

③不能用金属容器，要用塑料饮水器，饮水器具要干净且充足，以帮助所

有鸡能在短时间内饮到足够的疫苗量；

④饮疫苗前停止饮水2~4h（视天气及饲料等情况而定），以便使鸡能尽快而又一致地饮用疫苗；

⑤饮水中最好能加入0.1%~0.2%的脱脂奶粉，以减少水中异物对疫苗的影响；

⑥在饮水免疫的前后24h不得饮用任何消毒药液；

⑦稀释疫苗的水量要适当，根据实际饮水量决定，要求在2h内饮完。

（4）刺种法　接种时，将1000头份的疫苗用10mL生理盐水稀释，充分摇匀后，用接种针或蘸水笔尖蘸取疫苗，刺种于鸡翅膀内侧无血管处的翼膜内，雏鸡刺种1针，较大的鸡刺种2针。

（5）滴鼻和点眼法　操作应对滴鼻、点眼的工具进行计量矫正，以保证免疫剂量。将疫苗用生理盐水做适当稀释，每只鸡点眼、滴鼻各一滴（约0.05mL）。操作时左手轻握鸡体，其食指与拇指固定住小鸡的头部，右手用滴管或滴瓶滴入鸡的一侧鼻孔或眼结膜囊内，待疫苗吸收后再放开鸡，滴鼻时用食指按压住一侧鼻孔，以便疫苗滴能快速吸入。

（6）涂搽法　接种时，先按规定剂量将疫苗稀释好，将鸡泄殖腔黏膜翻出，用无菌棉签或小软刷蘸取疫苗，直接涂搽在黏膜上。

（7）气雾免疫法　用压缩空气通过气雾发生器，将稀释疫苗喷射出，使疫苗形成雾化粒子，均匀地悬浮于空气之中，通过呼吸道吸入肺内，达到免疫的目的。免疫前要关闭门窗及通风设备，喷雾器内应无消毒剂等残留，最好是免疫接种专用。免疫一般在傍晚或清晨进行。稀释疫苗必须用去离子水或蒸馏水，最好加入0.1%~0.2%脱脂奶粉。不能用自来水、冷开水、井水或生理盐水稀释。稀释液的用量应根据免疫对象而定。一月龄每1000羽鸡平养用量250~500mL，笼养用量250mL。若为散养，在喷雾免疫前先将鸡赶至鸡舍较长一侧墙边，使鸡群相对集中，喷头离鸡30~50cm，边走边喷，往返2~3次，喷后20分钟方可打开门窗和通风设备。气雾免疫时，雾化粒子大小要适中，喷雾时要求温度为15~20℃。因为新城疫弱毒苗会引起人的结膜炎，操作人员要做好防护工作，需戴口罩和面罩。

3. 免疫接种前的检查及接种后的护理与观察

（1）接种前的检查　在对鸡进行免疫接种时，必须对鸡群进行详细了解和检查，注意鸡的年龄是否符合免疫年龄，以及鸡的营养和健康状况。只要鸡群健康，饲养管理和卫生条件良好，就可保证免疫接种结果的安全。如饲养管理条件不良，则可能使鸡出现明显的接种反应，甚至发生免疫失败。对患病鸡和可疑感染鸡，暂不免疫接种，待康复后根据实际情况决定补免时间。

（2）接种后的护理和观察　鸡接种疫苗后，部分鸡会出现接种反应。有些鸡可发生暂时性抵抗力降低现象，故应加强接种后的护理和观察。注意改善鸡舍环境卫生及饲养管理，减少各种应激因素。因此，鸡群免疫接种后，应进行全面观察，观察期限一般不少于1周。产蛋鸡在短期内可能出现停产或产蛋量下降，如发现严重反应甚至死亡，要及时查找原因，了解疫苗情况和使用方法。

4. 免疫接种的注意事项

注射器、针头、镊子等经严格的消毒处理后备用。原则上注射时每只鸡应使用1个针头，稀释好的疫苗瓶上应固定一个消毒过的针头，上盖消毒棉球。疫苗应随配随用，并在规定的时间内用完。一般室温在15~25℃，6h内用完。25℃以上，4h内用完；马立克氏疫苗应在2h内用完，过期不可使用。针筒排气溢出的疫苗，应吸附于酒精棉球上，用过的酒精棉球和吸入注射器内未用完的疫苗应集中销毁。稀释后的空疫苗瓶深埋或消毒后废弃。

（四）实训报告

根据本次实训情况写出实习报告，要求阐述生态鸡免疫接种的方法及注意事项；同时分析可能出现免疫失败的因素。

实训二 鸡场消毒技术

（一）实训目的

通过实训，使学生了解鸡场常用的消毒方法和消毒剂，针对不同消毒对象选择适宜的消毒方法，能正确配制消毒剂并实施消毒操作，能对消毒效果进行检测。

（二）教学资源

1. 材料与工具

工作服、橡胶长靴、高压清洗剂、喷雾消毒器、扫帚、推车、垃圾桶、垃圾袋、量杯、量筒、卷尺、胶带、天平（台秤）、常用消毒剂（氢氧化钠、过氧乙酸来苏儿、高锰酸钾、福尔马林等）、不同的中和剂、棉签、棉球、麦康凯培养基等。

2. 教学场所

校内教学生产基地或校外生态鸡养殖场。

（三）方法与步骤

1. 鸡舍喷洒消毒

喷洒消毒是对鸡舍、场地、环境等使用规定浓度的化学消毒剂进行喷洒消毒。喷洒消毒之前应把污物清除干净，因为有机物特别是蛋白质的存在，能减弱消毒剂的作用。消毒剂的喷洒顺序为由上而下，先房顶、天花板，后墙壁、固定设施，最后是地面，不能漏掉被遮挡的部位。常用的消毒剂有0.3%过氧乙酸溶液、3%氢氧化钠溶液、3%来苏儿等。注意消毒药剂要按规定浓度配制。鸡舍角落及物体背面，消毒剂喷洒量至少是3mL/m^2。消毒后，最好空舍2~3周。

2. 鸡舍熏蒸消毒

熏蒸消毒是将消毒剂蒸发在空气中，对鸡舍和鸡舍内的饲养设备进行消毒，适合空舍时使用。其最大优点是熏蒸药物能均匀地分布到鸡舍的各个角落，消毒全面彻底，特别适用于污染严重鸡舍的消毒。熏蒸消毒注意事项包括以下几个方面。

（1）鸡舍要密闭完好　甲醛气体含量越高，消毒效果越好。为了防止气体逸出舍外，在鸡舍熏蒸消毒之前，一定要检查鸡舍的密闭性，对门窗无玻璃或不全者装上玻璃，若有缝隙，应贴上塑料布、报纸或胶带等，以防漏气。

（2）盛放药液的容器要耐腐蚀、体积大　高锰酸钾和福尔马林具有腐蚀性，混合后反应剧烈，释放热量，一般可持续10~30min，因此，盛放药液的容器应足够大，并耐腐蚀。

（3）配合其他消毒方法　甲醛只能对物体的表面进行消毒，所以在熏蒸消毒之前应进行机械性清除和喷洒消毒，这样消毒效果会更好。

（4）药物的剂量、浓度和比例要合适　福尔马林毫升数与高锰酸钾克数之比为2∶1。一般按福尔马林30mL/m^3、高锰酸钾15g/m^{3}和水15mL/m^{3}计算用量。

（5）消毒方法适当　先将水倒入陶瓷或搪瓷容器内，然后加入高锰酸钾，搅拌均匀，再加入福尔马林，人即离开，密闭鸡舍。用于熏蒸的容器应尽量靠近门，以便操作人员能迅速撤离，操作人员要避免甲醛与皮肤接触。

（6）维持一定的消毒时间　熏蒸消毒要求24h以上，如不急用可密闭2周。

（7）熏蒸消毒后注意通风　消毒后鸡舍内甲醛气味较浓、有刺激性，因此，要打开鸡舍门窗，通风换气2d以上，等甲醛气体完全逸散后再使用。

3. 消毒效果检查

不同的消毒剂应选用不同的中和剂，如碱性消毒剂用0.01%醋酸中和；福尔马林用1%~2%氢氧化铵；含氯消毒剂用连二亚硫酸钠溶液中和；用酚类和其他消毒剂时，没有适当的中和剂，而是在灭菌水中洗涤2次，时间均为5~10min。

（四）技能考核及实训报告

1. 技能考核

鸡场消毒技能考核具体要求见表 7–6。

表 7–6 鸡场消毒技能考核表

考核项目	分值	评分标准	实际得分	扣分原因
喷雾器的使用	20	能正确使用喷雾器得 20 分		
消毒药的选择	20	能正确选择 2 种消毒药，每种 10 分		
消毒药液配制	20	准确计算药量 10 分；正确配制药液 10 分		
圈舍清扫	20	清扫前准备恰当 8 分；清扫中规范彻底 7 分；清扫后污物处理得当 5 分		
喷洒消毒	20	药量使用适当 5 分；喷洒顺序正确 5 分；喷洒均匀无遗漏 5 分；消毒后处理正确 5 分		

2. 实训报告

结合鸡舍消毒的意义、方法，阐述鸡场常用消毒剂、消毒方法及注意事项，分析影响消毒效果的原因。

项目八　鸡常见疾病及其防治技术

[知识目标]

1. 掌握生态鸡常见传染病种类、发病原因、症状及防治技术。
2. 掌握生态鸡常见寄生虫病种类、发病原因、症状及防治技术。
3. 掌握生态鸡常见营养代谢病、中毒病、普通病的种类、发病原因、症状及防治技术。

[技能目标]

1. 具备诊疗能力，能够正确诊断生态鸡常见疾病。
2. 能够开展生态鸡常见传染病和寄生虫病的综合防控措施。

[课程思政目标]

1. 培养学生的职业精神、工匠精神和劳动精神。
2. 培养学生具备从事本专业安全生产、公共卫生和环境保护的意识。
3. 培养学生刻苦钻研、精益求精的严谨态度和探索精神。
4. 培养学生绿色生态养殖理念，强化学生宪法法治精神。

[必备知识]

一、常见传染病及其防治技术

（一）病毒性疾病

1. 禽流感

禽流感是由 A 型流感病毒中的任何一型引起的一种感染综合征。本病于 1878 年首次发现于意大利，目前几乎遍布世界各地。

【流行病学】

流感在家禽中以鸡和火鸡的易感性最高，其次是珠鸡、野鸡和孔雀。鸭、鹅、鸽、鹧鸪、鹌鹑、麻雀等也能感染。

感染禽从呼吸道、结膜和粪便中排出病毒。所以，被病毒污染的任何物品，如鸟粪和哺乳动物、饲料、水、设备、物资、笼具、衣物、运输车辆和昆虫等，都易传播疾病。本病一年四季均能发生，但冬春季节多发，夏秋季节零星发生。气候突变、冷刺激、饲料中营养物质缺乏均可能引发该病。

【症状】

潜伏期较短，一般为4~5d。因感染禽的品种、日龄、性别、环境因素、病毒的毒力不同，病禽的症状各异，轻重不一。

最急性型：多由高致病力流感病毒引起，病禽常无明显症状，发病后急剧死亡，死亡率可达90%~100%。发病稍慢的可见腿部皮肤出血，鸡冠出血、坏死，呈紫黑色。

急性型：以呼吸系统症状为主。病禽表现为突然发病，体温升高，可达42℃以上。精神沉郁、叫声减小、缩颈、嗜睡、眼呈半闭状态。采食量急剧下降，嗉囊空虚，排黄绿色稀便。病禽呼吸困难、咳嗽、打喷嚏、张口呼吸、突然尖叫。眼肿胀流泪，初期流浆液性带泡沫的眼泪，后期流黄白色脓性分泌物，眼睑肿胀，两眼突出，肉髯增厚变硬，向两侧开张，呈“金鱼头”状。有的出现抽搐、头颈后扭、运动失调、瘫痪等神经症状。产蛋鸡感染后，2~3d产蛋量开始下降，7~14d可使产蛋率由90%以上降到5%~10%，严重的将会停止产蛋；同时软壳蛋、无壳蛋、褪色蛋、砂壳蛋增多。

【病理变化】

最急性型死亡的病鸡常无表观变化。

急性型可见头部和颜面浮肿，鸡冠、肉髯肿大达3倍以上；皮下有黄色胶样浸润、出血，胸、腹部脂肪有出血斑，心冠脂肪出血，心外膜有点状或条纹状坏死，心肌软化。消化道变化表现为腺胃乳头水肿、出血，肌胃角质层下出血，肌胃与腺胃交界处呈带状或环状出血；十二指肠、盲肠扁桃体、泄殖腔充血、出血。肝、脾、肾脏瘀血肿大，有白色小块坏死；气管中有大量炎性分泌物、气管环出血；胸腺萎缩，有程度不同的点、斑状出血。母鸡卵泡充血、出血，卵黄液变稀薄；严重者卵泡破裂，卵黄散落到腹腔中，形成卵黄性腹膜炎；输卵管水肿、充血，内有浆液性、黏液性或干酪样物质。公鸡睾丸变性坏死。

【防治】

(1) 处理　该病为畜禽一类传染病，危害极大，故一旦爆发，应坚决彻底销毁疫点及3km以内的禽及有关物品，执行严格的封锁、隔离和无害化处理措施。对3~5km的禽进行紧急免疫。严禁外来人员及车辆进入疫区，禽群处理后，禽场要全面清扫、清洗、消毒、空舍至少3个月。对低致病性禽流感，在严格隔离的条件下，可对症治疗，以减少损失。

①抗病毒药物如利巴韦林，水中添加量0.01%~0.05%，连用5~7d；盐酸金刚烷胺或盐酸金刚乙胺，0.05%拌料连用5~7d。也可用板蓝根2g/（羽·d），大青叶3g/（羽·d），粉碎后拌料，配合防治。

②抗菌药物如环丙沙星或培氟沙星等，0.005%饮水，连用5~7d，以防止大肠杆菌、支原体等继发感染与混合感染。

（2）预防 禽流感发病急、死亡快，一旦发生损失较大，所以应重视对该病的预防。

①加强饲养管理：严格执行生物安全措施，加强禽场的防疫管理，禽场门口要设消毒池，谢绝参观，严禁外人进入禽舍，工作人员出入要更换消毒过的胶靴、工作服，用具、器材、车辆要定时消毒。禽舍的消毒可选用二氯异氰尿酸钠或二氧化氯，以强力喷雾器作喷洒消毒。粪便、垫料及各种污物要集中作无害化处理；消灭禽场的蝇蛆、老鼠、野鸟等各种传播媒介。建立严格的检疫制度，种蛋、雏禽等产品的调入，要经过兽医检疫；新进的雏禽应隔离饲养一定时期，确定无病方可入群饲养；严禁从疫区或可疑地区引进家禽或禽制品。加强饲养管理，避免寒冷、长途运输、拥挤、通风不良等因素的影响，增强家禽的抵抗力。

②免疫预防：尽量使用与本地流行病毒有同一抗原性的病毒灭活制成的疫苗，才能有效预防本病，接种后两周产生保护力，可以抵抗本血清型的流感病毒，抗体维持时间一般为10周以上。首免可在15日龄，每只颈部皮下注射0.3mL；二免在45日龄，每只颈部皮下注射0.5mL；三免在开产前2~3周，每只肌肉注射0.5mL；四免在35周龄，每只肌肉注射0.5mL。

2. 新城疫

新城疫是由新城疫病毒引起的鸡和火鸡的一种急性高度接触性传染病，新城疫病毒可以随飞鸟的迁徙而传播，所以新城疫的免疫预防对放养鸡显得尤为重要。

【流行病学】

鸡、火鸡、珠鸡、野鸡、鹌鹑、鸽子都有易感性，其中以鸡的易感性最高。各种年龄的鸡易感性也有差异，幼雏和中雏鸡易感性最高，两年以上的老鸡易感性较低。新城疫一年四季都能发病，但以春秋季节多发，夏冬较少。新城疫的主要传染源是感染新城疫的病鸡，病鸡与健康鸡接触，经呼吸道和消化道感染。病鸡的分泌物中含大量病毒，病毒污染饲料、饮水、地面和用具，经消化道感染。带病毒的尘埃、飞沫进入呼吸道，经呼吸道感染。

【症状】

潜伏期为2~15d，平均5~7d。

最急性型：突然发病，常无特征症状而迅速死亡。

急性型：病初体温高达43~44℃，食欲降低、精神委顿、不愿走动、垂头缩颈、眼半闭、状似昏睡、鸡冠及肉髯渐变暗红色或暗紫色。产蛋鸡产蛋量下降，畸形蛋增多。随着病程的发展，病鸡咳嗽、呼吸困难，有黏液性鼻漏，常伸头、张口呼吸，并发出“咯咯”的喘鸣声。病鸡嗉囊内充满液体内容物，倒提时常有大量酸臭的液体从口内流出。粪便稀薄，呈黄绿色或黄白色，后期排蛋清样粪便。有的病鸡还出现神经症状，如翅、腿麻痹等，体温下降，最终死亡。

亚急性型或慢性型：病鸡翅腿麻痹、跛行或站立不稳，头颈向后或向一侧扭转，常伏地旋转，动作失调，反复发作，受刺激后加重。

【病理变化】

最急性型，由于发病急骤，多数没有肉眼可见的病变，个别病死鸡可见胸骨内面及心外膜上有出血点。

急性型，病变比较明显。腺胃乳头肿胀、出血，严重者乳头间腺胃壁出血，肌胃角质膜下也可见出血点。肠淋巴滤泡肿胀，常突出于黏膜表面，局部肠管膨大，充满气体和粥样内容物。盲肠扁桃体严重肿胀、出血和坏死，病程稍长者，肠黏膜上可出现纤维素性坏死灶，去掉坏死假膜，即可见溃疡。心外膜、心冠脂肪上可见出血点，严重者肠系膜及腹腔脂肪上可见出血点，喉头、气管内有大量黏液，并严重出血，产蛋鸡卵黄膜严重充血、瘀血，卵黄破裂，形成卵黄性腹膜炎。

亚急性或慢性型，剖检变化不明显，个别鸡可见肠卡他性炎症，盲肠扁桃体肿胀、出血，小肠黏膜上有纤维素性坏死。

近年来由于病毒毒力增强及疫苗使用方法、使用途径等原因，非典型新城疫发病较多，一般不呈爆发性流行，多散发，发病率为5%~10%。临床上缺乏特征性呼吸道症状，鸡群精神状态较好，饮食正常。个别鸡出现精神沉郁，食欲降低，嗉囊空虚，排黄色粪便等症状。从出现症状到死亡，一般为1~2d。产蛋鸡出现产蛋量下降，产软壳蛋等。特征性病理变化为小肠上有数个大小不等的黄色泡状肠段。剪开肠段可见肠内容物呈橘黄色、稀薄，肠黏膜脱落，肠壁变薄，呈橘黄色，缺乏弹性，肠壁毛细血管充血或出血，与周围界限明显。腺胃变软、变薄，腺胃乳头间有出血。产蛋鸡除上述病变外，还可见卵泡变形，卵黄液稀薄，严重者卵泡破裂，卵黄散落到腹腔中形成卵黄性腹膜炎。

【防治】

（1）预防

①加强卫生管理，防止病原体侵入鸡群。禁止从疫区引进种鸡或雏鸡；也

不要从疫区购买饲料、养鸡设备等；禁止无关人员进入鸡养殖场，防止飞鸟和其他野生动物的侵入。在饲养管理上，应实行全进全出的饲养管理制度，以防病原体接力传染；定期带鸡消毒。

②定期预防接种，增强鸡群的特异性免疫力。免疫程序可参考以下方式。

蛋鸡：7~8 日龄用新城疫Ⅳ系疫苗点眼或滴鼻进行首免，同时颈部皮下注射新城疫油乳剂灭活疫苗；30 日龄用新城疫Ⅳ系疫苗点眼或滴鼻；70 日龄用新城疫Ⅳ系疫苗 4 倍量饮水；90 日龄用新城疫Ⅳ系疫苗 4 倍量饮水；120 日龄用新城疫Ⅳ系疫苗 4 倍量饮水，同时肌肉注射新城疫油乳剂灭活疫苗。产蛋后，每隔两个月左右，用新城疫Ⅳ系疫苗饮水加强免疫一次。

肉鸡：8~9 日龄新城疫Ⅳ系疫苗点眼、滴鼻，同时颈部皮下注射新城疫油乳剂灭活疫苗；25 日龄新城疫Ⅳ系疫苗 4 倍量饮水；40 日龄用新城疫Ⅳ系疫苗 4 倍量饮水。

（2）治疗　鸡群发病后，无特异治疗方法。目前以鸡新城疫和鸡传染性法氏囊病二联高效卵黄抗体注射液做紧急预防接种，体重 0. 5kg 以下每羽肌肉注射 0. 5mL，体重 1kg 以上每羽肌肉注射 1mL，早期使用效果较佳。由于鸡新城疫常常并发大肠杆菌病等，在饲料或饮水中加入适量的抗生素和电解多维，可减少死亡，有助于鸡群康复。

3. 传染性法氏囊病

传染性法氏囊病是由传染性法氏囊病病毒引起的一种以破坏法氏囊为特征的急性、高度接触性传染病，是一种免疫抑制病。本病首次报道于美国甘布罗镇的肉鸡，所以该病也称为甘布罗病。

【流行病学】

该病主要感染鸡，所有品种的鸡都能感染，其中白来航鸡反应最重，死亡率最高。鸡对本病的易感日龄为 3~6 周龄，多数雏鸡感染后无表观临床症状，但产生严重的免疫抑制。本病一年四季都能发生，以 6~7 月份发病较多。本病的传播方式是通过直接接触传播，也可通过带毒的中间媒介物，如饲料、饮水、垫料、尘土、空气、用具、昆虫等传播。本病主要通过消化道、呼吸道和眼结膜等途径而感染。

【症状】

本病的特征是幼中雏鸡突然发病，羽毛逆立无光泽，嘴插入羽毛中，常蹲在墙角下，严重时卧地不动。随后病鸡排白色奶油状粪便，食欲减退，饮水增加，嗉囊中充满液体。部分鸡有自行啄肛现象。出现症状后 1~3d 死亡，群体病程一般不超过 2 周。鸡养殖场初次爆发本病时症状典型，死亡率高，之后雏鸡发病症状减轻，甚至呈隐性经过。耐过的雏鸡常出现贫血、消瘦、生长迟缓，并对多种疾病易感。本病的感染率为 100%，死亡率一般在 10%~30%，但若混合感染或继发其他疾病，死亡率会更高。

【病理变化】

法氏囊是本病毒侵害的靶器官，其病变具有诊断意义。在感染早期，法氏囊由于充血、水肿而肿大。感染 2~3d 后法氏囊的水肿和出血变化更为明显，其体积和质量增大超出正常的 2 倍左右，外形变圆，浆膜覆盖有淡黄色胶冻样渗出物，表面的纵行条纹显而易见，法氏囊本身由正常的白色变为奶油黄色，严重时出血，法氏囊呈紫黑色、紫葡萄状。切开囊腔后，常见黏膜皱褶有出血点或出血斑，囊腔中有脓性分泌物。感染 5d 后，法氏囊开始缩小，第 8 天仅为原来质量的 1/3 左右，此时法氏囊呈纺锤状，因炎性渗出物消失而变为深灰色。有些病程较长的慢性病例，外观法氏囊的体积虽增大，但囊壁变薄，囊内积存干酪样物。

肝脏一般不肿大，呈土黄色，死后由于肋骨压迫而呈红黄相间的条纹状，周边有梗死灶。在腺胃与肌胃交界外、腺胃与食道移行部交界处有出血带。盲肠扁桃体肿大、出血。肾脏肿胀，输尿管中有白色的尿酸盐沉积。严重者在病鸡的腿部、腹部及胸部肌肉呈现出血条纹或出血斑。

【鉴别诊断】

传染性法氏囊病在诊断上应注意与磺胺类药物中毒、新城疫、葡萄球菌感染相鉴别；诊断时关键应注意法氏囊及肝脏的变化，患传染性法氏囊病时，法氏囊肿胀失去弹性，外周有一层胶冻状水肿，肝脏呈红黄相间的条纹状，其他疾病无此变化。感染败血型大肠杆菌时法氏囊弥漫性潮红，易与传染性法氏囊病相混淆，但法氏囊不肿大、柔软、有弹性。

【防治】

(1) 预防　传染性法氏囊病的发生主要是通过接触感染，所以平时应加强卫生管理，定期消毒。免疫接种是控制传染性法氏囊病的主要方法。目前使用的疫苗有两类，活毒疫苗和灭活苗，活毒疫苗中又分为弱毒苗和中毒苗。在生产中可参考以下免疫方案。

①种鸡：2~3 周龄弱毒疫苗饮水；4~5 周龄中等毒力疫苗饮水；开产前油佐剂灭活疫苗肌肉注射。

②商品肉鸡：14 日龄弱毒疫苗饮水；21 日龄弱毒疫苗饮水；28 日龄中等毒力疫苗饮水。

(2) 治疗　发现传染性法氏囊病后，可及时注射高免血清或高免卵黄抗体，每羽鸡 1~2mL。为避免病鸡脱水衰竭死亡，可饮用口服补液盐以补充体液，每 100g 加水 6000mL 溶解，让鸡自由饮用 3d。由于法氏囊是一个免疫器官，患传染性法氏囊病后，机体的免疫机能下降，抵抗力降低，这时鸡易患球虫病、大肠杆菌病等。所以，除加强消毒外，饲料中应添加抗生素防止继发感染。

4. 鸡痘

鸡痘是由鸡痘病毒引起鸡的一种缓慢扩散的、接触性传染病，常发生在70日龄至开产阶段。放养鸡一般饲养在林地、果园、草地。潮湿的草地、林地是滋生蚊虫等的地方，周围环境中蚊虫等较多，易患该病，在生产中应引起足够的重视。

【流行病学】

本病主要发生于鸡和火鸡，鸽有时也可发生，鸭、鹅的易感性低。各种年龄、性别和品种的鸡都能感染，但以雏鸡和中雏最常发病，雏鸡死亡多。本病一年四季都能发生，一般在秋季和初冬发生皮肤型鸡痘较多，在冬季则以黏膜型（白喉型）鸡痘为主。病鸡脱落和破散的痘痂，是散布病毒的主要形式。主要通过皮肤或黏膜的伤口感染；库蚊、疟蚊和按蚊等吸血昆虫在传播本病中起着重要的作用。打架、啄毛、交配等造成外伤，鸡群过分拥挤、通风不良、鸡舍阴暗潮湿、体外寄生虫、营养不良、缺乏维生素及饲养管理太差等，均可促使本病发生和加剧病情。如有传染性鼻炎、慢性呼吸道病等并发感染，可造成大批死亡。

【症状】

鸡痘的潜伏期为4~50d，根据病鸡的症状和病变，可以分为皮肤型、黏膜型和混合型三种病型，偶有败血型。

（1）皮肤型　皮肤型鸡痘的特征是在身体无毛或毛稀少的部分，特别是在鸡冠、肉髯、眼睑和喙角，亦可出现于泄殖腔的周围、翼下、腹部及腿等处，产生一种灰白色的小结节，渐次成为带红色的小丘疹，很快增大如绿豆大痘疹，呈黄色或灰黄色，凹凸不平，呈干硬结节，有时和邻近的痘疹互相融合，形成干燥、粗糙呈棕褐色的大的疣状结节，突出皮肤表面。痂皮可存留3~4周，以后逐渐脱落，留下一个平滑的灰白色疤痕。皮肤型鸡痘一般比较轻微，没有全身性的症状。但在严重病鸡中，尤其幼雏表现出精神萎靡、食欲消失、体重减轻等症状，甚至引起死亡。产蛋鸡则产蛋量显著减少或完全停产。

（2）黏膜型（白喉型）　此型鸡痘的病变主要在口腔、咽喉和眼等黏膜表面。初为鼻炎症状，2~3d后在黏膜上生成一种黄白色的小结节，稍突出于黏膜表面，以后小结节逐渐增大并互相融合在一起，形成一层黄白色干酪样的假膜，覆盖在黏膜上面。这层假膜很像人的“白喉”，故称白喉型鸡痘或鸡白喉。如果用镊子撕去假膜，则露出红色的溃疡面。随着病程发展，假膜逐渐扩大和增厚，阻塞在口腔和咽喉部位，使病鸡尤其雏鸡呼吸和吞咽障碍，严重时嘴无法闭合，病鸡往往作张口呼吸，发出“嗄嗄”的声音。病鸡由于采食困难，体重迅速减轻，精神萎靡，最后窒息死亡。此型鸡痘多发生于雏鸡和中鸡，死亡率高。有些严重病鸡，鼻和眼部也受到侵害，产生所谓眼鼻型的鸡痘。先是眼结膜发炎，眼和鼻孔中流出水样分泌物，以后变成淡黄色浓稠的脓液。时间稍长者，由于眶下窦有炎性渗出物蓄积，因而病鸡的眼部肿胀，结膜充满脓性或纤维素性渗出物，可以挤出一种干酪样的凝固物质，甚至引起角膜炎而失明。

（3）混合型　本型是指皮肤和口腔黏膜同时发生病变，病情严重，死亡率高。

（4）败血型　在发病鸡群中，个别鸡无明显的痘疹，只是表现为下痢、消瘦、精神沉郁，逐渐衰竭而死，病禽有时也表现为急性死亡。

鸡痘的发病率高低不一，由少数到全群都发病，死亡率也不相同。这与病毒的强弱、饲养管理条件、是否及时采取防治措施有关。一般成年鸡死亡率低，中雏死亡率约5%，幼雏死亡率达10%以上。特别是鸡群拥挤、卫生条件差、饲料不足时，或者是混合型病发时，最严重死亡率可达50%。

【病理变化】

（1）皮肤型鸡痘　特征性病变是局灶性表皮和其下层的毛囊上皮增生，形成结节。结节起初表现湿润，后变为干燥，外观呈圆形或不规则形，皮肤变得粗糙，呈灰色或暗棕色。结节干燥前切开，切面出血、湿润，结节结痂后易脱落，出现瘢痕。

（2）白喉型鸡痘　其病变出现在口腔、鼻、咽、喉、眼或气管黏膜上。黏膜表面稍微隆起白色结节，以后迅速增大，并常融合成黄色、奶酪样坏死的伪白喉或白喉样膜，将其剥去可见出血糜烂，炎症蔓延可引起眶下窦肿胀和食管发炎。

（3）败血型鸡痘　其剖检变化表现为内脏器官萎缩，肠黏膜脱落，若继发引起网状内皮细胞增殖症病毒感染，则可见腺胃肿大，肌胃角质膜糜烂、增厚。

【鉴别诊断】

皮肤型鸡痘易与生物素缺乏相混淆，生物素缺乏时，因皮肤出血而形成痘痂，其结痂小，而鸡痘结痂较大。

黏膜型鸡痘易与传染性鼻炎相混淆，传染性鼻炎上下眼睑肿胀明显，用磺胺类药物治疗有效，黏膜型鸡痘上下眼睑多黏合在一起，眼肿胀明显，用磺胺类药物治疗无效。

【防治】

（1）预防　鸡痘的预防，除了加强鸡群的卫生、管理等一般性预防措施之外，可靠的办法是接种疫苗。目前常用的疫苗为鸡痘鹌鹑化弱毒疫苗：用50%甘油生理盐水或生理盐水稀释100倍后，用消毒过的钢笔尖蘸取疫苗，在鸡翅内侧无血管处皮下刺种1~2针；1月龄以内雏鸡1针，1月龄以上鸡2针，刺种部位微现红肿、水泡及结痂，2~3周痂块脱落，免疫保护期5个月。

（2）治疗

①目前尚无特效治疗药物，主要采用对症疗法，以减轻病鸡的症状和防止并发症。皮肤上的痘痂，一般不做治疗，必要时可用清洁镊子小心剥离，伤口涂碘酒、红汞或紫药水。对白喉型鸡痘，应用镊子剥掉口腔黏膜的假膜，用1%高锰酸钾溶液洗后，再用碘甘油或鱼肝油涂搽。病鸡眼部如果发生肿胀，眼球尚未发生损坏，可将眼部蓄积的干酪样物排出，然后用2%硼酸溶液或1%高锰酸钾溶液冲洗干净，再滴入5%蛋白银溶液。剥下的假膜、痘痂或干酪样物都应烧掉，严禁乱丢，以防散毒。

②为防止并发感染，可在饲料或饮水中添加抗生素。大群鸡应使用广谱抗生素，如0.008%环丙沙星、培氟沙星、蒽诺沙星或0.01%氟甲砜霉素拌料、饮水，连用4~5d。

5. 传染性喉气管炎

传染性喉气管炎是由传染性喉气管炎病毒引起的一种急性呼吸道传染病。本病的特征是呼吸困难、咳嗽和咳出含有血液的渗出物。剖检时可见喉头、气管黏膜肿胀、出血和糜烂。本病传播快，对养鸡业危害较大。本病于1925年May等在美国首次报道，现已遍及世界许多养鸡地区。

【流行病学】

本病各种年龄的鸡均易感染，主要侵害鸡，以成年鸡最为严重。病鸡及康复带毒鸡是主要传染源，传播途径主要是呼吸道和眼内传染。带毒蛋和被呼吸器官及鼻腔排出的分泌物污染垫草、饲料、饮水和用具，其成为传播媒介。接种过本病弱毒疫苗的鸡也可排毒传染。

本病一年四季均可发生，但以冬春季多见。鸡群拥挤、通风不良、饲养管理不善、维生素A缺乏、寄生虫感染等可诱发本病。本病传播迅速，一旦发病很快就波及全群。本病感染率高，但致死率较低。

【症状】

由于病毒的毒力不同、侵害部位不同，传染性喉气管炎在临床上可分为喉气管型和结膜型。由于病型不同，所呈现的症状亦不完全一样。

（1）喉气管型　由高度致病性病毒株引起，特征为呼吸困难、抬头伸颈、发出响亮的喘鸣声；表情极为痛苦，有时蹲下，身体就随着一呼一吸而呈波浪式起伏；咳嗽或摇头时，咳出血痰，血痰常附着于墙壁、水槽、食槽或鸡笼上。将鸡的喉头用手向上顶，令鸡开口，可见喉头周围有泡沫状液体，喉头出血。若喉头被血液或纤维蛋白凝块堵塞，病鸡会窒息死亡，鸡冠及肉髯呈暗紫色；死亡鸡体况较好，多呈仰卧姿势。

（2）结膜型　由低致病性病毒株引起，特征为眼结膜炎，眼结膜红肿，1~2d 后流眼泪及鼻液，眼分泌物从浆液性到脓性，最后导致眼盲，眶下窦肿胀。生长缓慢，产蛋率下降，畸形蛋增多。

【病理变化】

（1）喉气管型　最具特征性病变在喉头和气管。在喉和气管内有卡他性或卡他出血性渗出物，有大量带血黏液或黄白色块状假膜附着，喉头和气管黏膜肿胀糜烂，并有大量针尖状出血点，严重者呈弥漫性出血，俗称“红气管”，带血样黏液或黄白色干酪样块状物附着，很容易从黏膜剥脱，堵塞喉腔。鼻腔和眶下窦黏膜也发生卡他性或纤维素性炎，黏膜充血、肿胀，散布小点状出血。有些病鸡的鼻腔渗出物中带有血凝块或纤维素性干酪样物。产蛋鸡卵巢异常，出现卵泡变软、变形、出血等。

（2）结膜型　有的病例单独侵害眼结膜，有的则与喉、气管病变合并发生。结膜病变主要为浆液性结膜炎，表现为结膜充血、水肿，有时有点状出血。有些病鸡的眼睑，特别是下眼睑发生水肿，而有的则发生纤维素性结膜炎，角膜溃疡。

【防治】

（1）预防

①坚持严格的隔离、消毒等防疫措施是防止本病流行的有效方法。由于带毒鸡是本病的主要传染源之一，故易感鸡切不可和病愈鸡或来历不明的鸡接触。新购进的鸡必须用少量的易感鸡与其作接触感染试验，隔离观察 2 周，易感鸡不发病，证明不带毒，此时方可合群。一旦发现病鸡，立即隔离、封锁、消毒。可用3%来苏儿或0.3%菌毒敌等带鸡喷雾消毒，每天1~2 次，连续消毒3~7d。栖架可用1%~2%氢氧化钠消毒，鸡舍地面、运动场可用石灰粉撒布消毒，死亡鸡焚烧或深埋，病轻的隔离，抓紧治疗。

②免疫预防：用喉气管炎弱毒冻干疫苗免疫。按瓶签注明的剂量，用生理盐水或蒸馏水稀释后，给 1 月龄以上的鸡点眼，4~7d 产生免疫力，免疫保护期 6 个月。

（2）治疗　发病鸡群可采取对症治疗的方法。

①此病如继发细菌感染，死亡率会大大增加，结膜炎的鸡可用红霉素眼药水点眼，大群鸡用环丙沙星或强力霉素以 0.005%饮水或拌料。

②应用平喘药物可缓解症状，盐酸麻黄素每羽鸡每天 10mg，氨茶碱每羽鸡每天 50mg，饮水或拌料投服。

③0.2%氯化铵饮水，连用 2~3d。

④肌注喉气管炎高免卵黄抗体 2mL，隔天再肌注 1 次。

⑤中药治疗，中药喉症丸或六神丸对治疗喉气管炎效果较好。每天 2~3

粒/羽，每天1次，连用3d。

6. 传染性支气管炎

传染性支气管炎是由传染性支气管炎病毒引起的鸡的一种急性、高度接触性呼吸道疾病。以咳嗽、喷嚏，雏鸡流鼻液，产蛋鸡产蛋量减少，呼吸道黏膜呈浆液性、卡他性炎症为特征；有的毒株则引起肾病综合征。可给养鸡造成很大的经济损失。

【流行病学】

本病仅发生于鸡，其他家禽均不感染。各年龄的鸡都可发病，但雏鸡最为严重，死亡率也高，一般以40日龄以内的鸡多发。本病主要经呼吸道传染，也可通过被污染的饲料、饮水及饲养用具经消化道传染。本病一年四季均能发生，以冬春季节多发。鸡群拥挤、过热、过冷、通风不良，特别是强烈的应激作用，如疫苗接种、转群等均可诱发本病的发生。

【症状】

由于病毒的血清型不同，鸡感染后出现不同的症状。

（1）呼吸型　病鸡无明显的前驱症状，常突然发病，出现呼吸道症状，并迅速波及全群。幼雏表现为伸颈、张口呼吸、咳嗽，有“咕噜”音，尤以夜间最清楚。随着病情发展，全身症状加剧，病鸡精神萎靡、食欲废绝、羽毛松乱、翅下垂、昏睡、怕冷，常挤在一起。两周龄以内的病雏鸡，还常见鼻窦肿胀、流黏性鼻液、流泪等症状，病鸡常甩头。产蛋鸡感染后产蛋量下降25%~50%，同时产软壳蛋、畸形蛋或砂壳蛋。

（2）肾型　感染肾型支气管炎病毒后其典型症状分三个阶段。第一阶段是病鸡表现轻微呼吸道症状，气管发出啰音，打喷嚏及咳嗽，这些呼吸道症状一般很轻微，只在晚上安静时才听得比较清楚，因此常被忽视。若并发感染，则呼吸道症状加重，鼻腔有黏性分泌物，时间延长。第二阶段是病鸡表面康复，呼吸道症状消失，鸡群没有可见的异常表现。第三阶段是受感染鸡群突然发病，并于2~3d内逐渐加剧。病鸡挤堆、厌食，排白色稀便，粪便中几乎全是尿酸盐。病鸡体重减少，胸肌发暗，腿胫部干瘪，肛门周围羽毛沾满水样白色粪便，死亡率约30%。从未发生过本病又未经过免疫接种的成年鸡感染本病时，呼吸道症状轻微，症状出现率也较低，但可出现产蛋量下降，蛋壳粗糙、畸形。症状消失两周后产蛋量可逐渐恢复正常，但蛋壳质量的恢复需较长的时间。雏鸡感染后，可引起输卵管及卵巢的损伤，导致产蛋期产蛋率不高，甚至绝产。

【病理变化】

（1）呼吸型　主要病变见于气管、支气管、鼻腔、肺等呼吸器官。表现为气管环出血，管腔中有黄色或黑黄色栓塞物。幼雏鼻腔、鼻窦黏膜充血，鼻腔中有黏稠分泌物，肺脏水肿或出血。产蛋鸡的卵泡变形，甚至破裂。

（2）肾型　肾型传染性支气管炎，可引起肾脏肿大，呈苍白色，肾小管充满尿酸盐结晶，外形呈白线网状，俗称“花斑肾”。输尿管扩张，充满白色的尿酸盐。严重的病例在心包和腹腔脏器表面均可见白色的尿酸盐沉着。有时还可见法氏囊黏膜充血、出血，囊腔内积有黄色胶冻状物；肠黏膜呈卡他性炎变化，全身皮肤和肌肉发绀，肌肉失水。

【鉴别诊断】

本病在鉴别诊断上应注意与新城疫、鸡传染性喉气管炎及传染性鼻炎相区别。鸡新城疫时一般发病较本病严重，在雏鸡常可见到神经症状。鸡传染性喉气管炎的呼吸道症状和病变则比鸡传染性支气管炎严重；传染性喉气管炎很少发生于幼雏，而传染性支气管炎幼雏和成年鸡都能发生。传染性鼻炎的病鸡常见面部肿胀，这在传染性支气管炎是很少见到的。肾型传染性支气管炎常与痛风相混淆，痛风时一般无呼吸道症状，无传染性，且多与饲料配合不当有关，通过对饲料中蛋白的分析、钙磷分析即可确定。

【防治】

（1）预防

①加强饲养管理，降低饲养密度，避免鸡群拥挤，注意温度、湿度变化，避免过冷、过热。加强通风，防止有害气体刺激呼吸道。合理配比饲料，防止维生素缺乏，尤其是维生素 A 的缺乏，增强机体的抵抗力。

②适时接种疫苗：对呼吸型传染性支气管炎，首免可在 7～10 日龄用传染性支气管炎 H120 弱毒疫苗点眼或滴鼻；二免可于 30 日龄用传染性支气管炎 H52 弱毒疫苗点眼或滴鼻；开产前用传染性支气管炎灭活油乳疫苗肌肉注射 0.5mL/羽。对肾型传染性支气管炎，可于 4～5 日龄和 20～30 日龄用肾型传染性支气管炎弱毒苗进行免疫接种，或用灭活油乳疫苗于 7～9 日龄颈部皮下注射。

（2）治疗　目前尚无有效的治疗方法，改善饲养管理条件、降低鸡群密度、饲料或饮水中添加抗生素对防止继发感染具有一定的作用。对肾型传染性支气管炎，发病后降低饲料中蛋白的含量，并补充 K^+ 和 Na^+，有一定的治疗作用。

7. 鸡病毒性关节炎

鸡病毒性关节炎又名腱滑膜炎，是由呼肠孤病毒引起的鸡的主要传染病。本病的特征是胫跗关节滑膜炎、腱鞘炎、腱鞘肿胀、腓肠肌破裂和心肌炎。本病仅发生于鸡，往往造成鸡群死亡、生长停滞、饲料利用率降低以及病鸡淘汰增多，给养鸡业带来重大的经济损失。

【流行病学】

本病仅发生于鸡，1 日龄雏鸡的易感性最高，随着日龄的增加，对本病的抵抗力逐渐增强，同时潜伏期也较长。病鸡和带毒鸡是主要传染源，病鸡由粪便排出大量病毒，通过鸡与鸡之间的直接或间接接触而传播。本病也可通过种蛋垂直传播，但传播率甚低。病毒在鸡体内可持续存活至少 289d，因而鸡带毒是一个严重问题。本病一年四季均可发生，以冬季较多发，一般呈散发或地方性流行。

【症状】

潜伏期为 1~11d。多数患鸡呈隐性经过，急性感染时可出现跛行，部分鸡生长停滞；慢性病例，跛行更明显，甚至跗关节僵硬，不能活动。有的患鸡关节炎症状虽不明显，但可见腓肠肌腱或趾屈肌腱肿胀，有时还可见腓肠肌腱断裂，伴发皮下出血，患鸡呈典型的蹒跚步态。

【病理变化】

肉眼观察患鸡的趾屈肌腱和趾伸肌腱肿胀，特别是拔去羽毛，在跗关节上部能明显地察觉趾伸肌腱肿胀。趾关节和肘关节肿胀较不常见，但跗关节或肘关节常含有少量草黄色或血色渗出液，偶见较多的脓性渗出物。感染早期，跗关节的腱鞘显著肿胀，关节滑膜出血。当腱鞘的炎症转为慢性时，则见腱鞘硬化与黏连，关节软骨糜烂，烂斑增大、融合并可延展到其下方的骨质，伴发骨膜增厚。

【防治】

（1）预防　种鸡在开产前接种病毒性关节炎灭活疫苗，以减少垂直传播的可能性，雏鸡出壳后皮下接种病毒性关节炎弱毒苗。同时应加强饲养管理，改善卫生条件，注意环境消毒。

（2）治疗　本病目前尚无有效方法进行治疗，发病后可对症治疗。

（二）细菌性疾病

随着集约化养禽场的增多和规模的不断扩大，环境污染越来越严重，细菌性传染病明显增多，不少病的病原菌已成为养禽场的常在菌和常发病。由于滥用抗菌药物，一些常见的细菌极易产生较强的耐药性，一旦发病，诸多药物都难以奏效。因此，科学地饲养管理、搞好环境卫生和合理用药对于有效控制细菌性传染病是十分重要的。

禽细菌传染病可以用抗菌药物进行预防和治疗。在使用药物进行治疗时，要考虑以下几方面的问题。

第一，敏感用药，有些病原菌易产生耐药性，用药前最好先做药敏实验，以便选用敏感药物。

第二，要考虑药物的体内过程，内服给药治疗全身性感染的疾病时，要选择内服能够吸收的药物，内服不能吸收的药物，则必须通过注射或气雾给药。

第三，要考虑禽群的采食量，当鸡群采食量明显下降，内服给药不能达到有效的血药浓度时，则必须通过注射给药。这在生产实践中尤其要注意，以免延误病情或造成药物的浪费。

1. 大肠杆菌病

禽大肠杆菌病是由某些致病性血清型大肠杆菌引起的禽类不同类型疾病的总称。其特征是引起心包炎、肝周炎、气囊炎、腹膜炎、输卵管炎、滑膜炎、大肠杆菌性肉芽肿、败血症等病变。大肠杆菌的抗原构造复杂，由菌体抗原（O）、鞭毛抗原（H）和荚膜抗原（K）三部分组成。目前发现有 154 个 O 抗原血清型、89 个 K 抗原血清型和 49 个 H 抗原血清型。对家禽有致病性的血清型，常见的有 O_1、O_2、O_{35} 和 O_{78}。

【流行病学】

大肠杆菌是健康家禽肠道中的常在菌，故大肠杆菌病是条件性疾病。卫生条件好的禽场，本病造成的损失很小，但在卫生条件差、通风不良、饲养管理不善的禽场，可造成严重的经济损失。大肠杆菌随粪便排出，污染周围环境、垫料、饲料、水源和空气。当家禽抵抗力降低时，就会侵害鸡体引起大肠杆菌病的暴发。本病一年四季均可发生，但以冬、夏季多发，肉用雏鸡最易感染，蛋鸡有一定的抵抗力。

【症状】

由于大肠杆菌侵害的部位不同，在临床上表现的症状也不一样。但共同表现症状为精神沉郁、食欲下降、羽毛粗乱、消瘦。侵害呼吸道后会出现呼吸困难，黏膜发绀。侵害消化道后会出现腹泻，排绿色或黄绿色稀便。侵害关节后表现为跗关节或趾关节肿大，在关节的附近有大小不一的水泡或脓疱，病鸡跛行。侵害眼时，眼前房积脓，有黄白色的渗出物。侵害大脑时，出现神经症状，表现为头颈震颤，角弓反张，呈阵发性。

【病理变化】

因大肠杆菌侵害的部位不同，有不同的病理变化。

（1）大肠杆菌败血症　病鸡突然死亡，皮肤、肌肉瘀血，血液凝固不良，呈紫黑色。肝脏肿大，呈紫红色或铜绿色，肝脏表面散布白色的小坏死灶。肠黏膜弥漫性充血、出血，整个肠管呈紫色。心脏体积增大，心肌变薄，心包腔充满大量淡黄色液体。肾脏体积肿大，呈紫红色。肺脏出血、水肿。

（2）肝周炎　肝脏肿大，表面有一层黄白色的纤维蛋白附着。肝脏变形，质地变硬，表面有许多大小不一的坏死点。脾脏肿大，呈紫红色。严重者肝脏渗出的纤维蛋白与胸壁、心脏、胃肠道粘连。

（3）气囊炎　若空气被大肠杆菌污染，吸入后即可发病，多侵害胸气囊，也能侵害腹气囊。表现为气囊混浊，气囊壁增厚，气囊不透明，气囊内有黏稠的黄色干酪样分泌物。

（4）纤维素性心包炎　表现为心包膜混浊、增厚，心包腔中有脓性分泌物，心包膜及心外膜上有纤维蛋白附着，呈白色。严重者，心包膜与心外膜粘连。

（5）大肠杆菌性肉芽肿　侵害雏鸡与成年鸡，以心脏、肠系膜、胰脏、肝脏、肠管多发。眼观，在这些器官可发现粟粒大的肉芽肿结节。肠系膜除散发肉芽肿结节外，还常因淋巴细胞与粒性细胞增生、浸润而呈油脂状肥厚。结节的切面呈灰黄色，略呈放射状、环状、波纹状或多层状。

（6）关节炎　多见于跗关节和指关节，表现为关节肿大，关节腔中有纤维蛋白渗出或有混浊的关节液，滑膜肿胀、增厚。

（7）全眼球炎　单侧或双侧眼肿胀，有干酪样渗出物，眼结膜潮红，严重者失明。

（8）输卵管炎　产蛋鸡感染大肠杆菌时，常发生慢性输卵管炎，其特征是输卵管高度扩张，内积异形蛋样渗出物，表面不光滑，切面呈轮层状，输卵管膜充血、增厚。

（9）卵黄性腹膜炎　由于卵巢、卵泡和输卵管感染发炎，进一步发展成为广泛的卵黄性腹膜炎，大多数病禽往往突然死亡。剖开腹腔，腹腔中充满淡黄色腥臭的液体和破坏的卵黄，腹腔脏器的表面覆盖一层淡黄色、凝固的纤维素性渗出物。肠系膜发炎，使肠袢互相粘连，肠浆膜散布针尖大的点状出血。

（10）鸡胚与雏鸡早期死亡　由于蛋壳被粪便沾污或产蛋母鸡患有大肠杆菌性卵巢炎或输卵管炎，致使鸡胚卵黄囊被感染，故鸡胚在孵出前，尤其是临出壳时即告死亡，也有一些鸡胚在出壳后直至3周龄这段时间陆续死亡，被感染的鸡胚或雏鸡也可不死亡，但常表现卵黄不吸收、生长不良。

（11）脑炎型　雏鸡及产蛋鸡多发。脑膜充血、出血，脑实质水肿，脑膜易剥离，脑壳软化。

（12）皮炎型　在皮肤的羽毛囊上，有黄色结痂。

（13）蜂窝织炎　皮下有淡黄色、干酪样渗出物。

【防治】

（1）预防

①加强卫生：加强卫生是预防大肠杆菌病的关键。大肠杆菌病是条件性致病菌引起的一种疾病，该病的发生与外界各种应激因素有关，防治首先应该改善饲养环境条件，加强对鸡群的饲养管理，改善鸡舍的通风条件，认真落实鸡养殖场卫生防疫措施，控制支原体等呼吸道疾病的发生。加强种蛋的收集、存放和孵化的消毒管理。做好常见病的预防工作，减少各种应激因素，避免诱发大肠杆菌病的流行与发生。

②免疫接种：近年来国内外采用大肠杆菌多价氢氧化铝苗、蜂胶苗和多价油佐剂苗，取得了较好的预防效果。从应用的实践来看，采用本地区发病鸡群的多个菌株、或本场分离菌株制成的疫苗使用的效果较好，这主要与大肠杆菌血清型较多有关。

（2）治疗　鸡群发生大肠杆菌病后，可用药物进行治疗，但大肠杆菌对药物极易产生耐药性，因此，采用药物治疗时，最好进行药敏试验，或选用过去很少用过的药物进行全群治疗，且要注意交替用药。给药时间要早，早期投药可控制早期感染的病鸡，促使痊愈，同时可防止新发病例的出现。某些患病鸡，已发生各种实质性病理变化时，治疗效果极差。在生产中可交替选用以下药物：0.01%~0.02%氟甲砜霉素拌料，连用3~5d；0.05%~0.1%丁胺卡那霉素拌料，连用3~4d；0.03%复方磺胺-5-甲氧嘧啶拌料，连用5~7d；0.01%氟哌酸拌料，连用4~5d；环丙沙星或氧氟沙星0.008%~0.01%饮水，连用3~5d。

2. 鸡白痢

鸡白痢是由鸡白痢沙门氏菌引起鸡的传染病。主要侵害雏鸡，在出壳后2周内发病率与死亡率最高，以白痢、衰竭和败血症为特征。成年鸡感染后多取慢性经过或无症状，病变主要局限于卵巢、卵泡、输卵管和睾丸。

【流行病学】

鸡白痢主要流行于2~3周龄的雏鸡与雏火鸡。病鸡和带菌鸡是本病的主要传染源，主要通过消化道感染。病鸡排出的粪便中含有大量病菌，饲料、饮水和用具被污染是传播的重要因素。一年四季均可发生。饲养管理条件差，雏鸡拥挤，通风不良，温度过高或过低，饲料质量差，以及发生其他疫病都可成为鸡白痢的诱因。此外，鸡白痢在流行病学上有一些新变化，即青年鸡发病造成的损失比雏鸡和成年鸡大，这一点已逐渐被人们重视。

【症状】

不同日龄的鸡发生鸡白痢时，其症状表现出较大差别，2~3周龄死亡率最高，4周龄时死亡迅速减少。

（1）雏鸡　雏鸡5~6日龄开始发病，2~3周龄是鸡白痢发病和死亡的高峰。病雏精神沉郁、低头缩颈、羽毛蓬松、食欲下降、怕冷寒战、常扎堆挤在一起，闭眼嗜睡。突出表现是下痢，排灰白色稀便，肛门周围羽毛常被粪便沾污，甚至被干燥粪便糊住。有的急性病雏不见下痢症状，因肺部有病变而出现呼吸困难，气喘，伸颈张口呼吸。耐过病雏生长缓慢，消瘦，腹部膨大。有时可见膝关节发炎肿大，跛行或伏地不动。

（2）育成鸡　多发生于40~80日龄的鸡，地面平养方式发病率多于网上或育雏笼育成的鸡。另外育成鸡发病还受应激因素的影响，如鸡群密度过大、环境卫生条件恶劣、饲养管理粗放、气候突变、饲料突然改变或品质低劣等。本病发生突然，鸡群中不断出现精神、食欲差的鸡和下痢的鸡，常突然死亡。死亡率不见高峰而是每天都有，数量不一。病程较长可拖延 20~30d，死亡率可达 10%~20%。

（3）成年鸡　成年鸡群不出现明显的症状。通常可观察到不同程度的产蛋率、受精率和孵化率下降，这主要取决于感染程度。当鸡群感染率较大时，可明显影响产蛋量，产蛋高峰不高，维持时间短，死淘率增高。有的鸡表现鸡冠萎缩，有的鸡开产时鸡冠发育尚好，之后鸡冠逐渐变小，发绀。病鸡时有下痢。

【病理变化】

（1）雏鸡　肝脏、脾脏肿大、脆弱，可见坏死点，有时有条纹状出血。胆囊扩张，充满大量胆汁，常形成卵黄性腹膜炎；数日龄幼雏可能有出血性肺炎变化，病程稍长者可见肺脏有黄白色的坏死灶或灰白色结节；心包增厚，心脏上可见坏死灶或结节，略突出于表面；肾暗红色充血或苍白色贫血；肠道呈卡他性炎症，盲肠膨大，内有白色干酪样物质。日龄较大的病雏，可见肝脏有灰黄色结节或灰色肝变区，心肌上的结节增大而使心脏变形。肾脏肿大、瘀血，输尿管中有尿酸盐沉积。

（2）育成鸡　突出变化是肝脏肿大，质地极脆，一触即破。被膜下有散在或密集出血点或坏死点。脾脏肿大。心包增厚，心包扩张，心包膜呈黄色不透明。心肌可见数量不一的黄色坏死灶，严重的心脏变形、变圆，整个心脏几乎被坏死组织代替。相同的变化还经常存在于肌胃。肠道呈卡他性炎症。

（3）成年鸡　成年鸡常为慢性带菌鸡，主要变化在卵巢，卵巢皱缩不整，有的卵巢尚未发育或略有发育，输卵管细小。卵泡变形变色，呈三角形、梨形、不规则形，呈黄绿色、灰色、黄灰色、灰黑色等异常色泽。有的卵泡内容物呈米汤样、水样、油脂状或干酪样，外面包有增厚的包膜。心脏肿大变形，见灰白色结节。肝肿大呈黄绿色，表面覆以纤维素性渗出物，脾易碎，内部有坏死灶，肾肿大呈实质变性。

【防治】

鸡白痢在放养鸡中发病率很高，因为有些鸡养殖场未进行鸡白痢净化，雏鸡阳性率较高。同时，放养鸡养殖场育雏条件较差，温度忽高忽低，卫生条件差，均易诱发本病。

（1）预防　本病应从多个方面采取综合性的预防措施。

①应从鸡白痢净化的种鸡场购进雏鸡。

②严格消毒：孵化场要对种蛋、孵化器和其他用具进行严格消毒。种蛋最好在产蛋后 2h 就进行熏蒸消毒，防止蛋壳表面的细菌侵入蛋内。雏鸡出壳后

再进行一次低浓度的甲醛熏蒸。育雏舍、育成舍和蛋鸡舍做好地面、用具、饲糟、笼具、饮水器等的清洁消毒，定期对鸡群进行带鸡消毒。

③加强雏鸡的饲养管理：在养鸡生产中，育雏是关键点，温度、相对湿度、通风、光照应严格控制。减少鸡白痢沙门氏菌经污染的饲料传入鸡群的可能性。密切注意鸡群动态，发现糊肛鸡应及时隔离或淘汰。

④及时投药预防：在鸡白痢沙门氏菌流行的地区，雏鸡出壳后可饮用2%~5%乳糖或5%红糖水，或在饲料中添加抗生素，效果较好。

⑤用大蒜汁拌料饲喂预防：大蒜捣碎加水10~20倍，每羽鸡每次用0.5~1.0mL，每天4次，连喂3d。

（2）治疗

①抗生素对本病均有疗效，用药物治疗急性病例，可以减少雏鸡的死亡，但痊愈后仍能带菌。发病时可在饲料中加入0.01%的氟甲砜霉素连用4~5d；四环素或土霉素按0.2%的量拌入饲料中连用5~7d；磺胺甲基异噁唑按0.5%拌料，或与三甲氧苄胺嘧啶配合按0.02%混入饲料中，连用5~7d；复方磺胺-5-甲氧嘧啶按0.03%拌料，连用5~7d；氟哌酸或环丙沙星按0.008%~0.01%饮水，连用3~5d。此外也可用庆大霉素、新霉素、安普霉素等拌料或饮水。

②微生态制剂：具有安全、无毒、不产生副作用、不产生抗药性、无残留等优点。常用的有促菌生、调痢生、乳酸菌等。使用微生态制剂的同时以及前后4~5d应禁止使用抗菌药物。

③土方治疗：花椒15g，蜂蜜30g，大黄、甘草各6g，加水200mL，煎汁100mL和面粉做成小丸，每羽小鸡每日喂3次，每次1~3丸。也可煎汁两次，浓缩汁为30mL，每天服3~5滴或稀释3倍自饮。

3. 禽霍乱

禽霍乱又称禽出血性败血病、禽巴氏杆菌病。是由多杀性巴氏杆菌引起的一种急性败血性传染病。临床上分为急性型和慢性型两种，急性型表现为败血症，发病率和致死率都很高。慢性型表现为肉髯水肿、关节炎，病死率较低。

【流行病学】

各种家禽包括鸡、鸭、鹅和火鸡对多杀性巴氏杆菌都易感。本病常散发或呈地方性流行。鸡群多散发，产蛋鸡最易感，16周龄以下鸡具有较强的抵抗力。主要传染源是病鸡和带菌鸡，经常或间歇性排菌而污染环境，通过消化道、呼吸道而传染。此外，鸡群的饲养管理不良、寄生虫病、长途运输、天气突变、阴冷潮湿、鸡群拥挤、通风不良等因素可促进本病的发生和流行。本病一年四季均可发生，但以夏秋季节多发。

【症状】

自然感染的潜伏期一般为2~9d，人工感染通常在24~48h发病，有时在引进病鸡后48h内亦会突然发病。根据其临床症状分为最急性型、急性型和慢性型三种病型。

（1）最急性型　常发生于暴发的最初阶段，特别是成年高产蛋鸡易发生。病鸡不显现任何临床症状，晚间一切正常，次日发现死于鸡舍内。有时见病鸡精神沉郁，倒地挣扎，拍翅抽搐，迅速死亡。肥胖的鸡容易发生最急性型。

（2）急性型　此型在流行过程中占比大，发病急，死亡快，有的鸡在死前数小时出现症状。病鸡表现精神沉郁，羽毛蓬松，缩颈闭目，头缩在翅下，不愿走动，离群呆立。病鸡体温高达43~44℃，少食或不食，饮水增多。呼吸困难，鸡冠及肉髯发紫，有的病鸡肉髯肿胀，口、鼻分泌物增加；病鸡腹泻，排黄白色或绿色稀便，产蛋鸡停止产蛋，最后衰竭、昏迷而死亡。病程短，2d左右死亡。

（3）慢性型　一般发生于流行后期或本病常发地区，多由急性病例耐过而转成慢性。病鸡精神、食欲时好时坏，多表现局部感染，如一侧或两侧肉髯肿大，翅或腿关节肿胀、疼痛，脚趾麻痹而发生跛行，病鸡鼻孔常有黏性分泌物流出，鼻窦肿大，喉头积有分泌物而影响呼吸。病鸡经常腹泻，消瘦，精神委顿，鸡冠苍白。病程可拖至一个月以上。

【病理变化】

（1）最急性型　常见不到明显的变化，有些只见心外膜散布点状出血，肝脏有细小的坏死灶。

（2）急性型　其特征性变化在肝脏，表现为肝脏体积稍肿大，呈棕色或黄棕色，质地脆，在被膜下和肝实质中散布有密集的灰白色或黄白色针尖大的坏死点。心脏扩张，心包积液，心脏积有血凝块，心肌质地变软。心冠脂肪、心外膜、腹膜、腹部脂肪有出血点或出血斑，小肠特别是十二指肠呈卡他性或出血性炎症，肠管扩张，肠内容物为血样，黏膜高度充血与出血。肺脏高度瘀血和水肿。

（3）慢性型　当以呼吸道症状为主时，其内脏特征性病变是纤维素性坏死性肺炎，为大叶性肺炎，一般两侧同时受害。肺组织由于高度瘀血与出血，变为暗紫色。局部胸膜上常有纤维素凝块附着。

侵害关节的病例，常见足与翅各关节呈现慢性纤维素性或化脓性纤维素性关节炎。关节肿大、变形，关节腔内含纤维素性或化脓性凝块。母鸡发生慢性禽霍乱时，炎症可波及卵巢引起卵泡坏死、变形或脱落于腹腔内。

【防治】

（1）预防

①免疫预防

灭活疫苗：国内常用的有蜂胶灭活疫苗、灭活油乳剂疫苗和氢氧化铝胶疫苗，前两者优于后者。主要用于2个月以上的鸡，肌注1mL/羽，免疫保护期可达半年。

弱毒疫苗：禽霍乱弱毒疫苗对已发病的鸡群和产蛋鸡群不得使用；注射弱毒疫苗前后5d不能使用任何抗菌药物；免疫最好采用气雾或饮水途径进行。

亚单位疫苗：对鸡安全无毒，保护力良好，免疫保护期可达5个月以上。但目前在实际应用上还有一定的局限性。

②管理措施：禽霍乱不能垂直传播，雏鸡在孵化场内没有感染的可能性。健康鸡的发病是在鸡进入鸡舍之后，由于接触病鸡或其污染物而感染的，因此，杜绝多杀性巴氏杆菌进入鸡舍，对防制禽霍乱十分重要。

③注意环境的变化，保证鸡舍通风，减少应激的产生，尤其是在更换饲料时，要注意渐进性换料，并在饲料中添加复合维生素，增强鸡只的体质和抗应激能力。

（2）治疗

①抗生素：许多抗生素都可治疗本病，通常选用使用方便的抗生素，如金霉素、土霉素按0.1%拌料，连用3~5d，可收到满意的效果。群体较小时可使用青霉素、链霉素肌肉注射，每羽每天各5万IU，连用3d。

②磺胺类药物：磺胺二甲基嘧啶、磺胺二甲基嘧啶钠等拌料用量为0.1%~0.2%，饮水用量为0.04%~0.1%，连喂2~3d，疗效良好，磺胺嘧啶和磺胺噻唑的疗效则差些。大剂量（0.5%）的磺胺类药物连用3d以上则有毒性作用，影响鸡的食欲，增重及产蛋量下降。磺胺类药物若与增效剂合用（5∶1混合），可降低其用量至0.025%，使用时间可以延长。

③喹诺酮类：氟哌酸拌料用量为0.01%~0.02%，饮水用量为0.008%~0.01%，连用3~5d，或用0.008%~0.01%的环丙沙星饮水，连用3~5d。

4. 葡萄球菌病

葡萄球菌病是由金黄色葡萄球菌引起的人、畜、禽共患传染病。金黄色葡萄球菌在自然界中分布很广，鸡群发病后死亡率为2%~50%，火鸡的死亡率为1%~15%，常发病的部位是骨髓、腱鞘以及腿部关节等。本病主要侵害肉鸡，造成急性死亡，多发生于炎热季节，与禽霍乱有相似之处。

【流行病学】

金黄色葡萄球菌在自然界分布很广，所有禽类都可感染，鸡中以肉鸡最易感，以40~60日龄的鸡最多，以笼养发病最多，放养也时有发生。对放养鸡来说，创伤是主要的传播途径，也可通过消化道和呼吸道传播，雏鸡脐带感染也是常见的途径。某些人为因素是发生葡萄球菌病的诱因，如断喙、刺种免疫、刮伤和扭伤、啄伤、脐带感染、饲养管理不善（如拥挤、通风不良、饲料单一、缺乏维生素及矿物质）等。

【症状】

（1）急性败血型　病鸡精神不振或沉郁，不爱跑动，常呆立一处或蹲伏，两翅下垂，缩颈，眼半闭呈嗜睡状。羽毛蓬松零乱，无光泽。饮欲、食欲减退或废绝。部分病鸡下痢，排出灰白色或黄绿色稀粪。较为特征的症状是胸腹部、大腿内侧皮下浮肿，潴留数量不等的血样渗出液，外观呈紫色或紫褐色，触之有波动感，局部羽毛脱落，或用手一摸即可掉脱，有的病鸡可见自然破溃，流出茶色或暗红色液体，周围羽毛被沾污，局部污秽，有的鸡在翅膀背侧及腹侧、翅尖、尾、脸、背及腿等不同部位的皮肤出现大小不等的出血、炎性坏死，局部干燥结痂，暗紫色，无毛。早期病例局部皮下湿润，暗紫红色，溶血，糜烂。这些症状多发生于中雏，病鸡在2~5d死亡，急性者1~2d死亡。

（2）关节炎型　病鸡可见多个关节肿胀，特别是趾关节，呈紫红或紫黑色，有的见破溃，并结成污黑色痂，病鸡表现跛行。有的鸡出现趾瘤，脚掌肿大。有的趾尖发生坏死，呈黑紫色，较干涩。病鸡不喜站立，多伏卧，一般仍有饮欲、食欲，多因采食困难，饥饱不匀，而被其他鸡只踩踏，病鸡逐渐消瘦，最后衰弱死亡，尤其在大群饲养时明显。此型病程多为10余天，有的病鸡趾端有坏疽，干脱。

（3）脐炎型　是孵出不久雏鸡发生脐炎的一种葡萄球菌病病型，对雏鸡造成一定危害。由于某些原因，鸡胚及新出壳的雏鸡脐孔闭合不全，葡萄球菌感染后，引起脐炎。病鸡除一般病状外，可见脐部肿大，局部呈黄红、紫黑色，质地稍硬，间有分泌物，常称为“大肚脐”。脐炎型病鸡在出壳后2~5d死亡。

（4）眼病型　表现为上下眼睑肿胀，闭眼，有脓性分泌物，并见有肉芽肿，病久者，眼球下陷，有的失明，有的见眶下窦肿胀。最后病鸡饥饿，被踩踏，衰竭死亡。

【病理变化】

（1）急性败血型　病死鸡胸部、前腹部羽毛稀少或脱毛，皮肤呈紫黑色或浅绿色，浮肿，有的自然破溃则局部沾污。整个胸、腹部皮下充血、溶血，呈弥漫性紫红色或黑红色，积有大量胶冻样粉红色、浅绿色或黄红色水肿液，水肿可延至两腿内侧、后腹部，前达嗉囊周围，但以胸部为多。同时，胸腹部甚至腿内侧见散在出血斑点或条纹。特别是胸骨柄处肌肉弥散出血斑或出血条纹，病程久者还可见轻度坏死。

肝脏肿大，呈淡紫红色，有花纹或花斑样变化，小叶明显。在病程稍长的病例，肝脏表面还可见数量不等的白色坏死点。

脾脏肿大，呈紫红色，有白色坏死点。腹腔脂肪、肌胃浆膜等，有时可见紫红色水肿或出血。心包积液，呈黄红色半透明。心冠状沟脂肪及心外膜偶见出血。有时还见肠炎病变。

（2）关节炎型　关节肿大，滑膜增厚，充血或出血，关节囊内有浆液，或有黄色脓性或浆性纤维素性渗出物。

（3）脐炎型　脐部肿大，呈紫红或紫黑色，有暗红色或黄红色液体，时间稍久则为脓样干酪坏死物。肝脏有出血点。卵黄吸收不良，呈黄红或黑灰色，液体状或内混絮状物。

【防治】

（1）预防

①免疫预防：国内用于鸡葡萄球菌病防治的疫苗有油乳剂菌苗和氢氧化铝菌苗。经广泛试验证明安全，有一定预防效果。在20~25日龄（新城疫二免前后）免疫接种，免疫保护期达2个月左右，对鸡葡萄球菌病可起到良好的预防效果。

②卫生管理措施：葡萄球菌是环境中广泛存在的细菌，因此可以通过加强卫生管理来有效预防本病。

采用科学的饲养管理：鸡饲料中要保证合适的营养物质，特别是要供给足够的维生素和矿物质；保持良好通风和适当干燥，避免拥挤；防止和减少外伤发生，消除鸡笼、用具等的一切尖锐物品，适时断喙，防止互啄，在断喙、带翅号、免疫接种时要做好消毒工作，以避免葡萄球菌感染。

做好消毒管理工作：做好圈舍、用具和饲养环境的清洁、卫生及消毒工作，以减少或消除传染源，降低感染机会。在有鸡条件下，鸡舍可用0.3%过氧乙酸进行消毒。注意种蛋、孵化器及孵化过程和工作人员的清洁、卫生和消毒工作，防止污染葡萄球菌，引起鸡胚、雏鸡感染或发病。

加强对发病鸡群的管理：鸡养殖场一旦发生葡萄球菌病，要立即对鸡舍、饲养管理用具进行严格消毒，以杀死散播在环境中的病原体，从而达到防止疫病发展和蔓延的作用。

（2）治疗　常用的抗生素、磺胺类药物等都有一定治疗效果，但由于饲料中添加抗生素，使葡萄球菌耐药性菌株日趋增多，因此，用药前最好经过药敏试验。国内目前试验证明，卡那霉素和庆大霉素抑菌作用最强，丁胺卡那霉素也有效，可以用于防治。对已发病的个别鸡可肌肉注射庆大霉素。

5. 传染性鼻炎

鸡传染性鼻炎是由副鸡嗜血杆菌引起鸡的一种急性或亚急性呼吸道传染病。主要特征是鼻黏膜发炎、流鼻涕、眼睑水肿和打喷嚏。本病多发生于育成鸡和产蛋鸡群，使产蛋鸡产蛋量下降10%~40%；使育成鸡生长停滞，开产期延迟和淘汰率增加，经济损失严重。

【流行病学】

除鸡以外，偶尔也可能感染火鸡、鹌鹑、珠鸡和雉，尤其是已感染鸡败血支原体或其他禽源支原体时。鸽、鸭、麻雀、乌鸦、家兔、豚鼠和小白鼠，对人工感染副鸡嗜血杆菌有抵抗力。

本病可发生于各种年龄的鸡，以4~12月龄的鸡最易感。7日龄内雏鸡鼻腔人工接种本菌，5%~10%出现鼻炎症状，大多数表现隐性感染，4~8周龄雏鸡人工接种后90%出现典型鼻炎症状。13周龄鸡可100%被人工感染，病情也比幼龄鸡严重。本病多发于冬、秋两季。不同年龄鸡混群饲养、鸡舍环境差、缺乏维生素A、接种禽痘疫苗、患有寄生虫病或传染病等，都能促使鸡群发病。病鸡群迁走以后，如鸡舍消毒不彻底和空舍时间太短，新进入的鸡群常可能在2~3周后又爆发此病。

【症状】

病鸡最具有特征性的症状表现为流浆液性到黏液性鼻液，脸部肿胀（公鸡肉髯也明显肿胀），结膜炎和淌眼泪。病初流稀薄水样鼻液和眼泪，同时或次日脸部肿胀，由面颊逐渐扩展至一侧或两侧，甚至肿得连眼睛也睁不开，症状出现后第3天左右起，鼻液变黏变稠，常在鼻孔处形成结痂，堵塞鼻孔。

病鸡气管内有分泌物，喉部肿胀，呼吸时发出“咕噜咕噜”声音，有时打喷嚏，摇头欲将积附在咽喉部的分泌物咳出。病鸡腹泻和排绿色粪便，公鸡肉髯肿大，青年鸡下颊或咽喉部浮肿。母鸡产蛋减少或中止。

【病理变化】

鼻腔、喉和气管黏膜呈急性卡他性炎症，充血肿胀，表面覆有大量黏液，鼻旁窦内积有渗出物凝块或干酪样坏死物。结膜充血肿胀、卡他性炎。下颌部以下组织呈现明显浆液性浸润。内脏一般无病变，偶见支气管肺炎和气囊炎。

产蛋鸡输卵管内有黄色干酪样分泌物，卵泡松软、血肿、坏死或萎缩，腹膜炎。公鸡睾丸萎缩。

【防治】

（1）预防

①加强卫生管理：首先是防止病原菌侵入。若病原菌已经侵入，则设法予以肃清。不要从外场购入替补种用公鸡、青年母鸡或产蛋鸡，因为带菌鸡是本病的主要传染源。鸡养殖场一旦发生本病，1~2个月内暂停育雏和引入外来鸡，并通过淘汰、消毒、隔离、检疫、治疗等措施将病原菌肃清。鸡舍要保持合理通风换气和防寒，避免饲养密度过高。否则，易于并发葡萄球菌病、慢性呼吸道病或大肠杆菌病而使病情加重。鸡舍可用0.2%过氧乙酸或其他安全有效的消毒剂进行带鸡消毒。

②接种疫苗：自然感染或人工感染的鸡都能产生不同程度的免疫力。小母鸡在发育阶段发生过本病，之后产蛋性能不受影响。个别鸡经窦内人工接种后，不到2周就可能产生免疫力。

虽然疫苗的保护率约80%，有20%接种过疫苗的鸡仍会发病，但症状轻、康复快、损失小。接种疫苗后，一般约需3周才能获得充分免疫力，4~5周达高峰，随后逐渐下降。第一次疫苗接种后的免疫期，幼雏和中雏约 2 个月，大雏及成鸡约 3 个月；为了延长免疫保护期，隔 1.5~2 个月再补充接种一次。

由于入秋时节转群的鸡和开产前后的鸡容易发病，鸡养殖场应制订出与发病时期相吻合的免疫程序，以期获得更好的免疫效果。一般，首免可安排在 50~60 日龄，二免安排在 120~130 日龄，必要时过 3~4 个月再接种一次。40 日龄前的幼雏，接种后免疫效果较差，免疫保护期也短，故此阶段尽量通过卫生管理措施预防本病。肉用仔鸡因生长期短，为了不影响肉质，可免于注射疫苗。

（2）治疗　可供治疗的药物有抗生素类药物、合成抗菌药物、磺胺类药物，但一般只对减轻症状和缩短病程有效，不能彻底杀灭病原菌，故不能清除带菌状态，而且治疗停止后常出现复发。不过，治疗发病鸡群仍是一个辅助手段。

①磺胺间二甲氧嘧啶：以 0.05%溶于加有小苏打的饮水中，连饮 7d。这种磺胺药，不会引起产蛋鸡产蛋下降现象。

②链霉素：每羽鸡肌注 100~200mg，治愈为止。但在常用地区已出现耐药菌株，应改用其他药物。

③泰乐菌素：每羽育成鸡皮下注射酒石酸泰乐菌素 37.5~62.5mg，或内服 25mg/kg，每天 1 次，或 0.05%~0.08%饮水，连用 5d。

④壮观霉素：以 132mg 药溶于 1000mL 饮水中，连用 7d。

⑤其他抗生素：有丁胺卡那霉素、先锋霉素、卡那霉素、庆大霉素、新霉素、红霉素等。一般第 1 天注射 50~100mg/kg，第 2 天起注射 25~50mg/kg；或根据说明，溶于饮水中服用。

⑥其他磺胺药：有磺胺苯吡唑、磺胺二甲氧嘧啶、磺胺氯吡嗪等。可拌于饲料中或溶于饮水中投服，第 1 天加 0.2%，第 2 天加 0.1%，连用 3~5d。也可与链霉素联合使用，以起到协同作用。产蛋中的鸡，尽可能不用磺胺药。

⑦土霉素和强地松联用：体重 500g 以内的病鸡，口服 125mg 土霉素和 2.5mg 强地松片；体重 1000g 以上的病鸡剂量加倍；每天服药 2 次，早晚各 1 次。大群连续治疗 2d 即可收效。

⑧强力霉素、环丙沙星或氧氟沙星按 0.008%~0.01%饮水，连用 5~7d。

（三）支原体病

鸡常见的支原体病为禽败血支原体病。

禽败血支原体病是由禽败血支原体引起家禽的一种接触性、慢性呼吸道传染病。其特征为上呼吸道及邻近窦黏膜的炎症，常蔓延至气囊、气管等部位。表现为咳嗽、流鼻液、气喘和呼吸杂音。本病发展缓慢，病程长。本病分布于世界各国，在养鸡业比较集中而发达的国家和地区危害更加严重。虽然本病死亡率不高，但因病程较长，影响肉用仔鸡及生长鸡的发育，产蛋鸡产蛋率下降，饲料报酬降低，胴体降级和医疗费用的增加，本病已成为养鸡业，特别是肉鸡饲养业所付出的经济代价最高的疾病之一。

【流行病学】

易感动物主要是鸡和火鸡。少数也发生于雉、鹌鹑、珍珠鸡、孔雀、鹧鸪和鸽子，也有从鸭、鹅、鹦鹉中分离出病原的报道。各种日龄鸡都易感，以4~8周龄的鸡多发，其病死率和生长抑制的程度都比成年鸡显著。纯种鸡比杂种鸡易感。本病一年四季均可发生，寒冷季节较为严重，在大群饲养的肉用雏鸡群中更容易发生流行，而成年鸡多为隐性感染和散发。

【症状】

本病的潜伏期，人工感染时，鸡为4~21d，火鸡为6~10d。在自然条件下，由于判定感染的精确时间非常困难，许多外界因素影响感染时的症状表现，所以有实际意义的自然潜伏期难以确定。

幼龄鸡表现鼻孔中流出浆液性或浆液黏液性鼻液，鼻孔周围被分泌物沾污，打喷嚏，甩鼻。当炎症蔓延至下呼吸道时，则表现咳嗽、气喘及气管内的啰音，夜间比白天听得更加清楚，严重者，啰音很大，似青蛙叫。病鸡生长停滞，食欲稍下降，精神不振，逐渐消瘦；继发鼻炎、鼻窦炎和结膜炎时，鼻腔及眶下窦蓄积大量渗出物而出现颜面部肿胀，结膜发炎，流泪，眼睑红肿，眼部突出似“金鱼眼”，一侧或两侧眼球受到压迫，造成萎缩和失明。若无病毒和细菌并发感染，死亡率较低。有并发感染和管理水平较低的鸡养殖场，病死率高达30%以上。

成年鸡的症状与雏鸡相似，但症状较轻，死亡率很低。产蛋母鸡产蛋率下降，并维持在较低水平上，孵化率降低、弱雏增加。

【病理变化】

剖检时主要肉眼可见的病变为鼻腔、气管、支气管中含有大量黏稠的分泌物。气管黏膜增厚、变红。早期气囊轻度混浊、水肿、不透明，可见结节性病灶，随病程的延长气囊增厚，囊腔内有干酪样渗出物似炒鸡蛋样，气囊粘连，有时也能见到肺炎病变。横断上颌部，可见鼻腔、眶下窦内蓄积大量黏液或干酪样渗出物。结膜发炎的病例可见结膜红肿，眼球萎缩或破坏，结膜中能挤出灰黄色干酪样渗出物。严重病例常伴有心包膜炎、肝包膜炎。

【防治】

（1）预防

①加强饲养管理：切断传播途径，消灭传染源。防止病鸡、健鸡接触，降低饲养密度，注意通风，保持舍内空气新鲜，防止过热过冷、温度过高，定期

清粪，防止氨气、硫化氢等有毒有害气体的刺激等，均是防治本病的重要管理环节。此外，坚持“全进全出”制，定期带鸡消毒，加强消毒防范，防止其他传染病的侵入而诱发或加重禽败血支原体病感染的症状。在接种弱毒疫苗时，要注意鸡群健康状况，有本病污染的雏鸡群不能用气雾法、滴鼻法免疫，以防激发本病出现临床症状。

②防止垂直传播：尽可能做到自繁自养，必须引进良种时，一定从确实无本病的种鸡场购买。

③免疫接种：生产中采用较多的是灭活疫苗，7~15 日龄雏鸡颈部皮下注射 0.2mL，成年鸡颈部皮下注射 0.5mL，平均预防效果在 80%左右，注射灭活疫苗后 15d 开始产生免疫力，免疫保护期约 5 个月。

（2）治疗　某些抗菌药物对本病有一定的疗效，特别是发病初期和临床症状轻微者效果更加明显，待病程进入中后期，器质性病变比较严重时往往疗效不佳。在应用药物治疗本病的同时，应加强饲养管理，在保温的基础上加强通风和带鸡消毒，降低饲养密度，若环境不改善，疗效往往不好。第三代喹诺酮类抗菌药恩诺沙星，不仅可临床治愈鸡支原体感染，而且可以使血清抗体转阴。在治疗本病时可用恩诺沙星或双氟沙星、培氟沙星、环丙沙星、氧氟沙星、氟哌酸按 0.008%~0.01%饮水，效果良好。此外，泰乐菌素、北里霉素、强力霉素、链霉素、硫氰酸红霉素、金霉素、土霉素等均有不同程度的疗效，可根据情况选用。

二、常见寄生虫病及其防治技术

（一）鸡球虫病

鸡球虫病是由一种或多种球虫寄生于鸡的肠黏膜上皮细胞而引起的一种急性流行性寄生虫病。该病分布广泛，发生普遍，危害十分严重。15~50 日龄的鸡发病率最高，死亡率可达 80%以上；耐过的病鸡长期得不到康复，生长发育受到严重影响；成年鸡多为带虫者，但增重和产蛋能力降低。

【流行病学】

各种品种和年龄的鸡都对鸡球虫具有易感性，3 月龄以内，尤其是 15~50 日龄的鸡群最易爆发球虫病，且死亡率较高，成年鸡多因前期感染过球虫获得了一定的免疫力，当再感染时不表现临床症状而成为带虫者和传染源。球虫卵囊对自然界各种不利因素的抵抗力较强，在荫蔽的土壤中可保持活力达 86 周之久，一般消毒剂不能杀死卵囊，但冰冻、日光照射和孵化器中的持续干燥环境对卵囊有抑制杀灭作用。26~32℃的潮湿环境有利于卵囊发育。

鸡感染球虫的途径是啄食感染性卵囊。凡被病鸡或带虫鸡的粪便污染过的饲料、饮水、土壤或用具等，都有卵囊存在；其他种鸟类、家畜和某些昆虫，以及饲养管理人员，都可以成为球虫病机械性的传播者。被苍蝇吸吮到体内的卵囊，可以在其肠道中保持活力达24h。

在分散饲养的条件下，本病通常在温暖的4~9月份流行，7~8月最严重，但在集约化饲养条件下，本病一年四季均可发生。饲养管理条件不良能促进本病的发生。卫生条件恶劣、鸡舍潮湿、鸡只拥挤、饲养管理不当时最易发生。此外，某些细菌、病毒或其他寄生虫感染及饲料中缺乏维生素A、维生素K，也可促进本病的发生。

【症状】

（1）急性型　多见于雏鸡。病初精神委顿，羽毛逆立，闭眼缩颈，呆立一旁，食欲减退，泄殖腔周围的羽毛被液状排泄物黏在一起。以后由于肠上皮细胞的大量破坏和自体中毒加剧，病鸡出现共济失调，翅膀下垂，贫血，鸡冠苍白，嗉囊内充满液体，食欲废绝，粪便呈水样、稀薄，带血。若为柔嫩艾美耳球虫病则排血便。末期病鸡昏迷或抽搐。雏鸡自感染后4~7d出现死亡，死亡率可达50%~80%，甚至更高。

（2）慢性型　多见于日龄较大的幼鸡（2~4月龄）或成年鸡。病程较长，持续数周到数月。症状较轻，有间歇性下痢，逐渐消瘦，产蛋减少，很少死亡。

【病理变化】

（1）柔嫩艾美耳球虫引起的病变主要在盲肠，可见一侧或两侧盲肠显著肿大，可为正常的3~5倍，其中充满新鲜的暗红色血液或凝固的血块，盲肠黏膜斑点状或弥漫性出血，盲肠上皮变厚，有严重的糜烂甚至坏死脱落，与盲肠内容物、血凝块混合凝固，形成坚硬的“肠栓”。

（2）毒害艾美耳球虫病变主要发生在小肠中段，肠管高度肿胀，显著充血、出血和坏死。肠壁增厚，肠内容物中含有多量的血液、血凝块和脱落的黏膜。从浆膜面可见病灶区有小的白斑和红斑点，此为本病的特征性病变。

（3）堆型艾美耳球虫多在上皮表层发育。同一发育阶段的虫体常聚集在一起，在被损害的肠段（十二指肠和小肠前段）出现大量淡白色斑点，排列成横行，外观呈阶梯样。

（4）巨型艾美耳球虫损害小肠中段。肠管扩张，肠壁增厚，内容物黏稠，呈淡灰色、淡褐色或淡红色，有时混有很小的血块。

（5）哈氏艾美耳球虫损害小肠前段，肠壁上出现大头针帽大小的红色圆形出血点，黏膜有严重的卡他性炎和出血。

【防治】

成鸡与雏鸡分开喂养，以免带虫的成年鸡散播病原导致雏鸡爆发球虫病。

（1）预防

①加强饲养管理：保持鸡舍干燥、通风和鸡养殖场卫生，定期清除粪便，堆积发酵以杀灭卵囊。保持饲料、饮水清洁，笼具、料槽、水槽定期消毒，一般每周一次，可用沸水、热蒸汽或3%~5%热碱水等处理。

②免疫预防：应用鸡胚传代致弱的虫株或早熟选育的致弱虫株给鸡免疫接种，可对球虫病产生较好的预防效果。

（2）治疗　是目前防治鸡球虫病最为有效和切实可行的方法。具有抗球虫作用的药物有一百多种，但防治效果较为理想、应用较广泛的常用治疗药物有以下几种。

①妥曲珠利溶液：治疗用药，500kg体重/瓶饮水；1次/d，连用2~3d。

②磺胺类药物：对治疗已发生感染的优于其他药物，故常用于球虫病的治疗（出口商品肉鸡禁止使用磺胺类药物），常用的磺胺类药物有以下几种。

复方磺胺-5-甲氧嘧啶（SMD-TMP）：按0.03%拌料，连用5~7d。

磺胺喹噁啉（SQ）：预防按150~250 mg/kg浓度混饲或按50~100 mg/kg浓度饮水，治疗按500~1000 mg/kg浓度混饲或250~500 mg/kg饮水，连用3d，停药2d，再用3d。16周龄以上鸡限用。与氨丙啉合用有增效作用。

磺胺间二甲氧嘧啶（SDM）：预防按125~250 mg/kg浓度混饲，16周龄以下鸡可连续使用；治疗按1000~2000 mg/kg浓度混饲或按500~600 mg/kg饮水，连用5~6d，或连用3d，停药2d，再用3d。

磺胺间六甲氧嘧啶（SMM，DS-36，制菌磺）：混饲预防浓度为100~200 mg/kg；治疗按100~2000 mg/kg浓度混饲或600~1200 mg/kg饮水，连用4~7d。与乙胺嘧啶合用有增效作用。

磺胺二甲基嘧啶（SM2）：预防按2500 mg/kg浓度混饲或按500~1000 mg/kg浓度饮水，治疗以4000~5000 mg/kg浓度混饲或1000~2000 mg/kg浓度饮水，连用3d，停药2d，再用3d。16周龄以上鸡限用。

磺胺氯吡嗪（Esb3）：以600~1000 mg/kg浓度混饲或300~400 mg/kg浓度饮水，连用。

使用抗球虫药应注意以下几个问题

①早诊断，早用药：鸡球虫的致病阶段主要是裂殖增殖期，当鸡发生死亡时，粪便中尚无卵囊排出，当粪便中检出卵囊确诊后才用药治疗，为时已晚。所以，防治球虫病最为有效的方法是做好药物预防；平时密切注意鸡群状况，一旦发现鸡球虫病先兆或出现死鸡，应及时确诊，尽快用药，才能获得较好的防治效果。

②防止球虫产生耐药性：若长时间、低浓度单一使用某种抗球虫药，球虫很容易出现耐药虫株，对该药产生耐药性，甚至会对与该药结构相似或作用机

理相同的同类药物或其他药物产生交叉耐药性。随着养鸡业的发展和抗球虫药的大量、广泛使用，这种耐药现象会越来越严重，因此，在养鸡实践中，应在短时间内有计划地交替、轮换或穿梭使用不同种类的抗球虫药或联合用药，以防止或延缓球虫耐药虫株的产生。

③合理选用药物：除考虑抗球虫药的安全性、抗球虫效果、抗虫谱、适口性和价格等因素外，应根据抗球虫药作用于球虫的发育阶段和作用峰期、鸡的用途和用药目的合理选用适宜的抗球虫药。

一般说来，作用峰期在感染后第 1、第 2 天的药物，其抗球虫作用较弱，多用作预防和早期治疗药，而作用峰期在感染后第 3、第 4 天的药物，其抗球虫作用较强，多作为治疗药应用。

在交替或轮换用药时，一般先使用作用于第一代裂殖体的药物，后换用作用于第二代裂殖体的药物，这样不仅可减少或避免耐药性的产生，而且可提高药物防治效果。

球虫刺激机体产生免疫力的阶段主要是第二代裂殖体，因此，抗球虫药抑制球虫发育阶段的不同，直接影响鸡对球虫自动免疫力的产生。作用于第一代裂殖体的药物，影响鸡免疫力的产生，故多用于肉鸡，蛋鸡和种用肉鸡不用或不宜长时间应用；作用于第二代裂殖体的药物，不影响鸡产生免疫力，故可用于蛋鸡和种用肉鸡。

④注意药物对产蛋的影响和预防残留：由于抗球虫药一般用药时间较长，有些药物如磺胺类药物、莫能菌素、盐霉素、氯苯胍、尼卡巴嗪等，会使蛋壳质量和产蛋量下降，或在肉、蛋中出现药物残留现象，被人食用后直接危害人体健康。因此，在蛋鸡产蛋期间应限制应用或不宜长时间应用上述药物，肉鸡在屠宰前数天应停止用药。

（二）住白细胞原虫病

住白细胞原虫病是由住白细胞原虫寄生于鸡的白细胞和红细胞内引起的一种血孢子虫病，对养鸡业危害严重，常引起雏禽大批死亡，死亡率可高达 91%。

【流行病学】

本病的发生与库蠓和蚋的活动密切相关，一般气温在 20℃ 以上时，库蠓和蚋繁殖快、活动力强，本病流行也就严重。因此本病的流行有明显的季节性，南方多发生于 4~10 月，北方多发生于 7~9 月。由于库蠓和蚋的幼虫是生活在水中，所以靠水源近的地方、雨水大的年份，该病的发病率高。各个年龄的鸡都能感染，成年鸡较雏鸡更易感，但雏鸡的发病率较成年鸡高。8~12 月龄的成年鸡或一年以上的种鸡，感染率虽高，但死亡率不高。公鸡的发病率比母鸡高。

【症状】

病初体温升高，食欲不振，甚至废绝。精神沉郁，乏力，昏睡；运动失调，两肢轻瘫，行步困难；口流黏液，排白绿色稀粪，常因突然咯血，呼吸困难而死亡。病程数天到2周。1~3月龄雏鸡发病率高，可造成大批死亡，中鸡和成鸡常呈现贫血，鸡冠和肉髯苍白，所以本病也称为“白冠病”。病鸡排白色或绿色水样稀粪，中鸡发育受阻，成鸡产蛋减少或停止，软壳蛋、无壳蛋增多。后期个别鸡会出现瘫痪。

【病理变化】

本病的特征性病变为口流鲜血或口腔内积存血液凝块，鸡冠苍白，血液稀薄，全身性出血，肌肉和某些器官有灰白色小结节以及骨髓变黄。

全身性出血包括全身皮下出血，肌肉尤其是胸肌和腿部肌肉散在明显的点状或斑块状出血。各内脏器官亦呈现广泛性出血，特别多见于肺脏、肾脏和肝脏，严重的可见两侧肺脏都充满血液，肾脏周围常见大片血液，甚至大部分或整个肾脏被血凝块覆盖。其他器官如心脏、脾脏、胰腺和胸腺也有点状出血，腭裂常被血样黏液堵塞，腺胃及肠道弥漫性出血，产蛋鸡胸腔中积有破裂的卵黄、腹水与血液形成的淡红色混合液体。卵泡变形、出血。脑软膜与脑实质充血及点状出血。此种全身性出血主要是寄居于小血管内皮细胞内的裂殖体破裂而使血管壁损伤所造成的。

灰白色小结节是裂殖体在肌肉或其他器官内增殖形成的集落，最常见于肠系膜、心肌、胸肌，也见于肝脏、脾脏、胰腺等器官，其大小为针尖大至粟粒大，白色，与周围组织有明显的界线。

【防治】

1. 预防

预防主要应防止禽类宿主与媒介昆虫的接触。在库蠓、蚋活动季节，每隔6~7d，在禽舍内外用溴氰菊酯或戊酸氰醚酯等杀虫剂喷洒，以减少昆虫的侵袭。

2. 治疗

对鸡住白细胞原虫病可用磺胺喹啉（SQ）、磺胺间六甲氧嘧啶（SMM）、磺胺间二甲氧嘧啶（SDM）、复方泰灭净、磺胺甲基异噁唑（SMZ）或复方磺胺-5-甲氧嘧啶（SMD-TMP，球虫宁）等磺胺类药物及其复方制剂。

（三）鸡羽虱病

鸡羽虱病是由各种鸡羽虱寄生于鸡的体表引起的鸡体表寄生虫病。鸡羽虱在生态鸡养殖中是非常常见的寄生虫病，常见于成鸡，特别是孵蛋期最容易发生，可造成鸡的叮毛、采食量减少、鸡群消瘦等症状，如不及时治疗，则引起鸡料比升高、死亡升高、鸡品相下降，最终导致养殖成本上升而引起养殖户经济损失。

鸡羽虱是一种永久性寄生虫，寄生于鸡体表的羽虱有多种，有的为宽短形，有的为细长形。常见的鸡羽虱主要有头虱、羽干虱和大体虱。鸡羽虱全部生活史都在鸡身上进行，一般不吸血，只食毛或皮屑。各种鸡羽虱均在毛基部产卵，4~5d后孵出幼虱。羽虱通过直接接触或间接接触传播，一年四季均可发生，但冬季较为严重。若鸡舍矮小、潮湿，饲养密度大，鸡群得不到沙浴，可导致羽虱的传播。

【症状】

鸡群精神活泼，时常拥挤、躁动不安、出现惊群现象，羽毛蓬乱、断折居多，多数鸡只啄自身羽毛，鸡体消瘦，掉毛处皮肤可见红疹、皮屑，查看鸡体，可见头、颈、背、腹、翅下羽毛较稀部位皮肤及羽毛基部上有大量羽虱爬动，撬起皮屑。

【诊断】

根据鸡群奇痒不安的表现对鸡群进行检查，发现鸡体皮肤羽毛基部寄生大量羽虱。死鸡解剖之前，以湿了热水的黑布覆在鸡体上，过一段时间后将黑布打开，即可见大量灰白或灰黄色的羽虱伏在黑布上，十分明显。根据明显的临床症状和发现大量羽虱即可确诊。

【防治】

1. 内服用药

伊维菌素：5g/袋，有效成分5mg。病鸡按0.2mg/kg混于饲料中内服，每隔10d再投服1次，连用3次。

2. 外部用药

①阿维菌素1%粉剂10g，拌入20~30kg沙中，任鸡自行沙浴。

②10%二氯苯醚菊酯，加5000倍水，用喷雾器对鸡逆毛喷雾，全身都必须喷到，然后遍喷鸡舍。用药时要注意鸡舍温度保持在18℃以上，以防喷雾淋湿鸡体引起感冒。

3. 消毒灭虱

鸡舍要清洁、卫生，需开展经常性消毒工作，杀虫灭虱是提高鸡生产性能、增加养殖效益重要措施之一，养鸡户应重视鸡养殖场灭虱工作。鸡群定期用药物喷洒消毒，每2个月进行1次。

（四）鸡蛔虫病

鸡蛔虫病是一种常见的肠道寄生虫病。在大群饲养情况下，雏鸡常由于患蛔虫病而影响生长发育，严重的引起死亡。当剖解死鸡时，小肠内常发现大小如细豆芽样的线虫，堵塞肠道。虫体少则几条，多则数百条。肠黏膜发炎、水肿、充血。成年蛔虫虫体呈黄白色，雄虫长 50~76mm，雌虫长 60~116mm。3 月龄以下的雏鸡最易感染。

蛔虫可以在鸡体内交配、产卵，虫卵可以在鸡体内生长也可以随粪便被排出体外，地面上的虫卵被鸡啄食后进入体内造成鸡群感染。从吞食虫卵到发育为成虫需要 35~58d。

【临床症状】

幼鸡患病表现为食欲减退，生长迟缓，呆立少动，消瘦虚弱，黏膜苍白、羽毛松乱，两翅下垂，胸骨突出，下痢和便秘交替，有时粪便中有带血的黏液，以后逐渐消瘦而死亡。成年鸡一般为轻度感染，严重感染的表现为下痢、日渐消瘦、产蛋下降、蛋壳变薄。

【诊断方法】

1. 驱虫诊断

用驱虫药进行驱虫诊断，如发现鸡排出蛔虫即可确诊有蛔虫；方法是选取数只生长不良、消瘦的雏鸡，用驱蛔灵或驱虫净（四咪唑）拌料饲喂，驱蛔灵的用量是每千克体重 200~300mg。

2. 杀鸡诊断

如有必要还可杀鸡检查肠道情况，发现蛔虫即可以确诊有蛔虫病。

【防治】

1. 预防

做好鸡舍内外的清洁卫生工作，经常清除鸡粪及残余饲料，小面积地面可以用开水处理。料槽等用具经常清洗并且用开水消毒。

蛔虫卵在 50℃ 以上很快死亡，粪便经堆沤发酵可以杀死虫卵，蛔虫卵在阴湿地方可以生存 6 个月。鸡群每年进行 1~2 次服药驱虫。

2. 治疗

①竹叶花椒 15g，文火炒黄研末，每羽鸡每次 0.02g 拌料饲喂，每天 2 次，连喂 3d。

②烟草切碎 15g，文火炒焦研碎，按 2% 比例拌入饲料，每天 2 次，连喂 3~7d。

③左旋咪唑片剂每千克体重口服 38~48mg（有效成分）/d。

（五）鸡绦虫病

鸡绦虫病是由赖利属的多种绦虫寄生于鸡的十二指肠中引起的，常见的赖利绦虫有棘沟赖利绦虫、四角赖利绦虫和有轮赖利绦虫三种。各种年龄的鸡均能感染，其他如火鸡、雉鸡、珠鸡、孔雀等也可感染，17~40日龄的雏鸡易感性最强，死亡率也最高。

【症状】

棘沟赖利绦虫等各种绦虫都寄生在鸡的小肠，用头节破坏了肠壁的完整性，引起黏膜出血、肠道炎症，严重影响消化机能。临床常见粪便稀且有黏液，粪便中常能看到米粒大小的白色节片，可以蠕动。鸡食欲下降、饮水增多，严重时可见行动迟缓、羽毛蓬乱、头颈扭曲、蛋鸡产蛋量下降或停产，最后衰竭死亡。

【病理变化】

初期可见小肠黏膜肥厚、出血或溃疡结节，刮取黏膜镜检可发现绦虫头节。成虫寄生时外观肠道明显变粗，小肠粗细不均。肠内壁有时可见直径8~10mm溃疡，并可在肠腔中发现绦虫成虫。

【防治】

1. 预防

及时清除鸡舍内粪便，运到指定地点并实行堆积发酵处理，利用生物热杀死粪便中的虫卵，防止病原扩散而污染环境；清除鸡舍周围环境中的污物，并用杀虫剂喷洒，消灭中间宿生；实行笼养，鸡舍采取防蝇措施。定期检查鸡群，及时治疗病鸡，对成年鸡进行定期驱虫。散养肉鸡在50日龄和80日龄各预防性驱虫一次，蛋鸡在60日龄和120日龄各预防性驱虫一次。

2. 治疗

当鸡发生绦虫病时，必须立即对全群进行驱虫。常用的驱虫药有以下几种。

（1）硫双二氯酚（别丁） 每千克体重150~200mg，混料一次投服。

（2）氯硝柳胺（灭绦灵） 每千克体重100~150mg，一次内服，间隔5d，再喂药1次。

（3）吡喹酮 每千克体重10~15mg，一次投服，可驱除各种绦虫。

（4）丙硫苯咪唑 每千克体重10~20mg，一次投服。

（5）氟苯哒唑 每千克饲料加入30mg，连用4~7d。

（6）羟萘酸丁萘脒 每千克体重400mg，一次投服，对赖利绦虫有效。

（六）鸡螨虫病

鸡螨虫，又称红螨、栖架螨，属节肢动物门、蛛形纲、蜱螨目、皮刺科、皮刺螨属的一类螨虫。体形微小，主要寄居于鸡的生活环境中，为夜间活动虫体，白天不易发现。主要靠吸食鸡血为生，有时也吸人血，通过叮咬鸡体可传播鸡痘病毒、新城疫、大肠杆菌等。

【症状】

鸡皮刺螨繁殖速度快，且每个繁殖过程都会大量吸食鸡血。轻者，雏鸡生长发育停滞，成年鸡产蛋量下降；重者，引起消瘦、贫血甚至死亡，造成养殖户的养殖成本上升，生产效益下降，同时传播家禽传染病。发现鸡冠发黄或发白的鸡应及时检查灭螨。

【防治】

取20%的氰戊菊酯乳油1mL，加水10mL，给鸡体药浴（鸡头部露出水面，反复提摆，使得羽毛充分湿透），并喷洒鸡窝、栖架、产蛋箱、墙壁等处，鸡体灭虫与环境灭虫同步进行。也可将药液喷洒在沙堆或木屑上，让鸡自由地进行“沙浴”或“木屑浴”，防治效果也非常好，且用法简单、安全。鸡对于敌百虫特别敏感，很容易造成其中毒，禁止使用。

三、常见营养代谢病及其防治技术

（一）鸡常见维生素缺乏症

维生素是维持动物体正常生理功能所必需的一类微量有机化合物。它既不是构成动物机体组织的原料，又不是机体的能源物质，其主要生理功能是参与各种酶的辅酶和辅基的组成，催化、控制和调节蛋白质、脂肪和碳水化合物及核酸的代谢过程，机体仅需要微量就能满足正常生理功能的需要。在鸡中大多数维生素不能在体内合成或合成数量较少，必须从饲料中摄取。若日粮中某些维生素长期缺乏，就会引起机体代谢过程紊乱，呈现特有的临床症状，这些病症通常称为维生素缺乏症。动物机体维生素缺乏的原因主要是饲料中供给不足，此外维生素在体内的吸收受阻、破坏增强或生理需要增多，均能引起维生素的缺乏。

1. 维生素 B_1 缺乏症

维生素 B_1 又称硫胺素，别名抗神经炎素。它是由一个吡啶分子和一个噻唑分子通过一个亚甲基连结而成。

【症状】

饲喂缺乏硫胺素的日粮，成年鸡在3周后即表现出多发性神经炎，雏鸡在2周龄前出现症状；雏鸡为突发性症状，成年鸡较为缓慢。小公鸡出现发育缓慢，母鸡产蛋和孵化率降低，卵巢萎缩。鸡发病的最初表现为食欲降低，继而表现为体重减轻、羽毛蓬乱、腿无力、步态不稳以及体温降低。成年鸡常呈现蓝色鸡冠。随着缺乏症持续，肌肉出现明显的麻痹，开始是趾的屈肌，随后发展到腿、翅膀和颈部的伸肌。由于颈的前部肌肉麻痹，头部向后方呈“观星姿势”。鸡很快失去站立和直坐的能力而倒在地上，在躺着的同时头仍蜷缩着，最后因瘫痪、衰竭而死。剖检可见皮肤发生广泛性水肿，生殖器官萎缩（雄性比雌性更显著），心及胃肠壁萎缩。

【防治】

在正常生产情况下，成年鸡和放养鸡一般不会发生维生素 B_1 缺乏，雏鸡较易发生。饲养标准规定每千克饲料中硫胺素含量：肉用仔鸡和0~6周龄的鸡1.8mg；7~20周龄鸡1.3mg；产蛋鸡和母鸡0.8mg，注意饲料搭配和合理调制，就可以防止硫胺素缺乏症。疾病严重的可以用药物治疗，给鸡口服维生素 B_1 后，仅数小时即可好转。由于维生素 B_1 缺乏症可引起极度的厌食，因此在急性缺乏尚未痊愈之前，在饲料中添加维生素 B_1 的治疗方法是不可靠的，要先口服维生素 B_1，然后在饲料中添加。雏鸡的口服量为每羽每天1mg，成年鸡每羽口服量为2.5mg/kg，同时在饲料中补充维生素 B_1。

2. 维生素 B_2 缺乏症

维生素 B_2 是由核醇与二甲基异咯嗪结合构成的，由于异咯嗪是一种黄色色素，故维生素 B_2 又称为核黄素，维生素 B_2 在青饲料、干草粉、酵母、鱼粉、糠麸和小麦中含量较多。成年鸡胃肠道中的一些微生物能合成较多的维生素 B_2，而雏鸡的合成能力较差。在常用的日粮配方中，维生素 B_2 的含量不能满足要求，需按理论需要量添加。

【症状】

雏鸡摄取维生素 B_2 缺乏的日粮时，生长极为缓慢，逐渐衰弱与消瘦，羽毛粗乱，食欲尚好，严重时出现腹泻。雏鸡不愿行走，强行驱赶时常借助于翅膀用跗关节运动。不论行走还是休息，脚趾均向内弯曲成拳状，中趾尤其明显，足跟关节肿胀，脚瘫痪，以踝部行走，这是维生素 B_2 缺乏症的特征症状。雏鸡常处于休息状态，翅膀经常下垂，不能保持正常的姿势；腿部肌肉萎缩、松弛，皮肤干燥和粗糙；后期雏鸡不能运动，两腿叉开，卧地。尽管病鸡食欲正常，但常因不能运动而无法接近食槽和水槽，最后因衰竭死亡或被其他鸡踩死。成年鸡缺乏时，产蛋率和孵化率均显著下降，胚胎死亡率升高。孵出的雏鸡瘫痪，由于羽毛生长障碍，而导致羽毛短粗，羽毛黏结在一起，而呈棒状羽。

【病理变化】

剖检时可见肠道内含有多量的泡沫状内容物。胃肠道黏膜萎缩，肠壁变薄。肝脏较大而柔软，脂肪含量增多，坐骨神经和臂神经肿大变软，有时其直径达到正常的4~5倍。

【防治】

动物性饲料和酵母中维生素 B_2 含量很丰富，其他饲料中也含有一定量的维生素 B_2，要尽量采用含鱼粉和酵母的配合饲料。但由于这些富含维生素 B_2

的饲料在鸡配方饲料中含量有限，所以鸡日粮中必须添加维生素 B_2。饲养标准中规定每千克饲料含维生素 B_2：蛋用鸡，0～8 周龄 3.6mg，9～20 周龄 1.8mg；产蛋鸡 2.2mg；种鸡 3.8mg；肉用雏鸡，0～4 周龄 7.2mg，5 周龄以上 3.6mg。当发现缺乏维生素 B_2 而孵化出壳率降低时，给母鸡饲喂 7d 含维生素 B_2 饲料，蛋的孵化出壳率即可恢复正常。对病情较重的，可用维生素 B_2 治疗，雏鸡每天每羽喂 2mg 维生素 B_2，成鸡喂 5～6mg 维生素 B_2，连用一周可收到很好的治疗效果。但出现严重的脚趾蜷曲，坐骨神经损伤的病鸡，往往难以恢复。

3. 泛酸缺乏症

泛酸在自然界中分布十分广泛。泛酸为浅黄色油状物，易溶于水及乙醇，在中性溶液中耐热，对氧化剂、还原剂皆稳定，在酸性及碱性溶液中易被热破坏发生水解。游离的泛酸是不稳定的，吸湿性极强，所以在实际中常用其钙盐、钠盐和钾盐，饲料工业中一般用泛酸钙。

【症状】

泛酸不足或缺乏将使机体代谢紊乱，致使鸡出现多种缺乏症。雏鸡表现为羽毛生长阻滞且粗糙。病鸡消瘦，骨变短粗，口角出现局限性痂样病变。眼睑边缘呈颗粒状并有小痂形成，眼睑常被黏性渗出物黏在一起而变得窄小，并使视力受到局限。皮肤的角化上皮慢慢脱落。脚趾之间及脚底部皮肤外层有时发生脱落，并在此处形成小的破裂与裂隙。这些破裂与裂隙逐渐扩大并加深，使雏鸡很少走动。有时患缺乏症的雏鸡脚部皮肤角质化，在跖球上形成疣状隆突，雏鸡不能站立，运动失调。

泛酸的缺乏对成年鸡的影响不像对雏鸡那样严重，母鸡仍可正常产蛋，但孵化率低，鸡胚常在孵化最后的 2～3d 死亡，发育中鸡胚因缺乏泛酸常出现皮下出血和严重水肿，育雏成活率低。

【病理变化】

尸体剖检可见口腔内有脓样物，腺胃中有不透明灰白色渗出物。肝脏肿大，呈浅黄至深黄色。脾脏轻度萎缩。脊髓的神经与有髓纤维呈现髓磷脂变性。法氏囊、胸腺和脾脏有明显的淋巴细胞坏死和淋巴组织减少。

【防治】

(1) 预防　动物性饲料，如鱼粉、酵母粉、骨肉粉；植物性饲料，如米糠、豆饼、花生饼、优质干草中，均含有丰富的泛酸。因此，添加上述饲料及维生素添加剂，具有较好的预防作用。

(2) 治疗　发病后，可在饲料中添加 20～30mg/kg 的泛酸钙，连用 2 周，治疗效果显著。泛酸与维生素 B_{12} 有密切关系，在维生素 B_{12} 不足的条件下，雏鸡对泛酸的需要量增多，就有可能发生泛酸缺乏症。所以，在添加泛酸的同时，注意添加维生素 B_{12}。

4. 维生素 B_6 缺乏症

维生素 B_6 是易于相互转化的 3 种吡啶衍生物，即吡哆醇、吡哆醛、吡哆胺的总称。

维生素 B_6 是白色结晶体，易溶于水及乙醇。在酸性溶液中稳定，在碱性溶液中只有吡哆醛容易失去活性。光或紫外线照射均能使其失活，在碱性或中性溶液中更是如此。三种衍生物中吡哆醇更耐加工和储藏。饲料工业中一般用盐酸吡哆醇。

【症状】

缺乏维生素 B_6 时，雏鸡表现为生长不良、食欲不振、骨短粗和特征性的神经症状。雏鸡表现出异常兴奋，不能自控地奔跑，并伴有吱吱叫声，听觉紊乱，运动失调，严重时甚至死亡。成年鸡盲目转动，翅下垂，腿软弱，以胸着地，伸屈头颈，剧烈痉挛以至衰竭而死。骨短粗，表现为一侧腿严重跛行，一侧或两侧爪的中趾在第一关节处向内弯曲。产蛋鸡产蛋率和孵化率降低，严重缺乏时导致成年产蛋母鸡的卵巢、输卵管和肉髯退化。成年公鸡发生睾丸、鸡冠和肉髯退化，最终死亡。此外，雏鸡与成年鸡还表现体重下降、生长缓慢、饲料转化率低、下痢、肌胃糜烂、眼睑炎性水肿等症状。

【防治】

维生素 B_6 在自然界分布较广。在酵母、禾本科植物中含量较多；在动物的肝脏、肾脏、肌肉中均存在。胃肠道中的细菌亦能合成。所以，添加上述饲料能较好地预防本病的发生。发病后，可在每千克饲料中添加 4mg 的盐酸吡哆醇，连用 2 周。

5. 生物素缺乏症

生物素是一种与硫胺素一样含有硫元素的环状化合物。生物素的分子结构中含有三个不对称碳原子，因此，它可能有 8 种立体异构体。其中只有右旋异构体存在于自然界，并具有生理活性。

生物素是无色针状晶体，溶于热水而不溶于乙醇、醚及氯仿，常温下相当稳定，高温及氧化剂可使其丧失生理活性。生物素广泛存在于动植物体中，以大豆、豌豆和奶汁、蛋黄含量较多。

【症状】

雏鸡及青年鸡表现为生长迟缓，食欲不振，生长速度下降，鸡的爪、胫、嘴和眼周围皮肤炎症、角化、开裂出血，生成硬壳性结痂，类似于泛酸缺乏症。生物素缺乏引起的皮炎从脚开始，而泛酸缺乏症的损伤首先表现在嘴角及脸上，严重时才损害到脚。雏鸡还会发生胫骨弯曲，脚底、喙边、眼圈、肛门皮炎。

种鸡生物素缺乏时，对产蛋率无不良影响，但种蛋的孵化率降低，胚胎可发育形成并趾，即第 3 趾与第 4 趾之间形成延长的蹼。不能出壳的许多胚胎表现为软骨营养不良，其特征是体型小、鹦鹉嘴、胫骨严重弯曲、跗跖骨变短或扭曲、翅膀与头颅变短以及肩胛骨变短且弯曲。胚胎死亡可能有两个高峰，一个在第 1 周，另一个是在孵化的最后 3d。

肉用仔鸡生物素缺乏时出现鸡脂肪肝和肾病综合征。雏鸡表现出生长抑制；肝脏、肾脏与心脏脂肪浸润；血糖降低，肝脏和脂肪组织中棕榈烯酸对硬脂酸比值升高。此外，肉鸡猝死综合征可能与生物素缺乏有关。

【病理变化】

肝、肾肿大呈青白色，肝脂肪增多，肌胃和小肠内有黑色内容物。胫骨短粗，骨的密度和灰分含量增高，骨的构型不正常，胫骨中部骨干皮质的正中侧比外侧要厚。

【防治】

注意补充青饲料和动物性蛋白饲料，如鱼粉、骨肉粉、单细胞蛋白饲料酵母粉。发病后可在每千克饲料中加入 0.1mg 生物素进行治疗。

6. 叶酸缺乏症

叶酸因其普遍存在于植物绿叶中而得名。易溶于稀碱、稀酸，微溶于水，不溶于乙醇、丙酮、乙醚和三氯甲烷，熔点为 250℃。结晶的叶酸对空气和热均稳定，但光和紫外线辐射后降解，在中性溶液中较稳定。酸、碱、氧化剂与还原剂对叶酸均有破坏作用。

【症状】

鸡食用日粮中的玉米、豆饼等常规饲料，在通常情况下都能供给充分的叶酸，而且鸡的肠道微生物也能合成部分叶酸。但仅靠肠道微生物合成的叶酸是不能满足其最大生长需要和生产需要。另外，当吸收不良、代谢失常及长期使用磺胺类药物时，鸡会患叶酸缺乏症。鸡叶酸缺乏症的特征性症状是颈麻痹。初期颈前伸如鹅样，站立不稳。随后颈麻痹，颈非常软，可任人摆布而毫无反抗，颈直伸不能抬起，以喙着地，与两爪构成三点式。后期腿麻痹、倒地，两腿伸直，若不及时治疗 2d 以内就会死亡。此外叶酸缺乏时，鸡生长受阻，羽毛生长不良，有色羽毛褪色，羽被差。雏鸡还发生胫骨短粗症，贫血，伴有水样白痢等。种鸡产蛋率与孵化率下降，胚胎死亡率显著增加。

剖检时可见内脏器官贫血，肌肉苍白。巨型红细胞发育暂停，颗粒性白细胞缺乏。

【防治】

（1）预防　叶酸广泛分布于植物和动物体内，在饲料中适当搭配黄豆粉、苜蓿粉、酵母粉等可防止叶酸缺乏。用玉米作饲料时要特别注意补充含叶酸的饲料。在每千克饲料中加入 0.5~1.0mg 叶酸，就能预防缺乏症。

（2）治疗　发病后可用叶酸治疗，每羽每天10mg，连用3d。谷氨酸治疗每羽每天0.3g，连用3d，也可用味精或熟鸡肉治疗，效果较好。

7. 维生素A缺乏症

维生素A是含有β-白芷酮环的不饱和一元醇类，由四个异戊二烯单位构成，分为维生素A_1和维生素A_2两种。维生素A_1又称视黄醇，维生素A_2又称3-脱氢视黄醇。维生素A是黄色片状结晶体，无氧条件下可耐热至120℃，但有氧条件下受热或紫外线的照射均可使其失活。

维生素A在自然界中主要以脂肪酸酯的形式存在，常见的是维生素A乙酸酯和维生素A棕榈酸酯。除维生素A形式外，水果、蔬菜中所含的胡萝卜素在动物体内可转化成维生素A，故称为维生素A前体或维生素A原。各种青绿饲料特别是青干草、胡萝卜、黄玉米中维生素A原含量较高。但在棉籽、萝卜、干谷、马铃薯中几乎不含维生素A原。由于维生素A不能在体内合成，因此必须从饲料中获取维生素A或维生素A原，才能满足机体对维生素A的需要，若维生素A或维生素A原不足，则会出现维生素A缺乏症。

【病因】

（1）饲料中维生素A或维生素A原不足，包括饲料的收获、处理和储存不当，造成维生素A原破坏，或在饲料中添加维生素A的剂量不足或质量低劣。

（2）饲料中蛋白质水平过低，维生素A在体内不能被很好利用。

（3）鸡的肝脏、肠道有疾患时，肝脏的储存能力及肠道将维生素A原转化为维生素A的能力降低。

（4）种鸡、雏鸡或患病鸡群，维生素A的需要量增加而又没有在饲料中及时地提高添加量。

【症状】

本病发生于各种年龄的鸡。当维生素A严重缺乏时，一般2~3个月出现明显症状。种鸡缺乏维生素A时，孵化后的雏鸡表现出明显症状，病鸡精神委顿、食欲不振、生长停滞、消瘦、衰弱、羽毛蓬乱、趾爪卷缩、步态不稳甚至不能站立，往往用尾支地。本病的特征性症状是病鸡眼中流出一种牛奶样渗出物，眼睑肿胀，被渗出物黏合，严重时眼内有干酪样物沉积，眼球凹陷，角膜混浊呈云雾状，变软，严重者失明，最后因采食困难而衰竭死亡。种鸡缺乏维生素A，由于睾丸生殖上皮变性，公鸡的采精量减少，精子活力低，母鸡的卵巢退化，产蛋率降低，孵化率降低，弱雏比例增多。由于肾小管上皮变性，滤过功能降低，造成尿酸盐沉积而排泄白色石灰渣样的粪便。初生雏可因种蛋缺乏维生素A，出壳时就双目失明或患眼病。幼雏缺乏维生素A时，一般在6~7周龄发病，主要表现为生长停滞，运动失调、鼻眼发炎等症状，如不及时补充维生素 A，会造成大量死亡。

【病理变化】

在消化道、呼吸道特别是食道、嗉囊、咽、口腔、鼻腔黏膜有许多灰白色小结节，有时融合成片，形成假膜，这种病变成鸡比雏鸡更为常见。

肾脏肿大，颜色变浅，表现为灰白色网状花纹，输尿管变粗，有尿酸盐沉积或尿结石。心脏等内脏器官表面有尘屑状尿酸盐沉积，与内脏痛风相似。

【防治】

（1）预防　在日粮中搭配动物性饲料。给家禽投喂青绿饲料特别是青草粉、青绿叶子。饲料中加入维生素 A，并要现用现配，以防氧化而破坏。雏鸡和后备鸡为每千克饲料 1500IU，种鸡和产蛋鸡为每千克饲料 4000IU。在应激或疾病条件下，维生素 A 的需要量增多，因而维生素 A 的添加量要适当提高。

（2）治疗　对于发病鸡群，可给予 2~4 倍正常量的维生素 A。症状较重的鸡可口服鱼肝油，每羽 0.1~0.5mL/次，每日 3 次。对眼部有病变的鸡，可用 3%硼酸水冲洗，每天 1 次，效果良好。由于维生素 A 吸收较快，在鸡群呈现维生素 A 缺乏症状时及时补充可迅速见效，病鸡恢复也较快。

8. 维生素 D 缺乏症

维生素 D 又称为钙化醇，种类很多，均为类固醇衍生物，其中以维生素 D_2 和维生素 D_3 较为重要。

维生素 D_3 为白色针状物，易溶于乙醇、三氯甲烷，微溶于油脂，不溶于水，熔点 82~88℃，会因光和氧气而变化，维生素 D_3 比维生素 D_2 稳定。

维生素 D 在鱼肝油中含量最丰富，在动物的肝脏和禽蛋中含量亦较高。一般植物性饲料中含量甚少或不含维生素 D，在青绿饲料中存在大量的麦角固醇，在紫外线照射下可形成维生素 D_2，因而经阳光暴晒调制的干草粉含少量维生素 D。此外，动物的皮肤和脂肪组织中合成的 7-脱氢胆固醇，在紫外线照射下，可转变为维生素 D_3。因此一般情况下，饲料中不需要补充维生素 D，但若家禽完全舍饲，饲料中就需补充维生素 D_3。

【病因】

（1）日粮中钙、磷比例不当。日粮中钙、磷比例以 2∶1 为最佳。高于或低于这个最佳比例都将使维生素 D 的需要量增加。

（2）日粮中磷的来源。当日粮中含有可利用性差的磷时，如植酸磷或其他形式的磷，需增加维生素 D 的添加量。

（3）舍饲鸡日照不足。生长鸡每日 11~45min 日晒就足以防止发生佝偻病。若日晒不足，就会引起维生素 D 缺乏。

（4）日粮中含有霉菌毒素时，维生素 D 的需要量大大增加。

【症状】

雏鸡缺乏维生素 D 时，最早在 10 日龄左右即出现临床症状，但大多在 3~4 周龄后出现症状，表现为生长发育受阻，羽毛蓬乱无光，食欲尚好，但两腿无力，步态不稳，不愿走动，喜卧地，喙和脚爪变软，弯曲，变形，腿骨变脆，易发生骨折。成年鸡缺乏维生素 D 时，一般在 2~3 个月后才出现症状，前期表现为蛋壳变薄或产软壳蛋，产蛋减少，种蛋孵化率显著降低，病程越长越严重。严重时鸡喙、脚爪、腿骨均可变软、变形，两腿无力，常蹲伏于地。

【病理变化】

剖检变化主要表现在骨骼和甲状旁腺。甲状旁腺因为增生而体积变大。骨骼变软、变形，易于折断。胸骨呈“S”状弯曲，与肋软骨连接处的肋骨内侧面明显肿大，形成数个圆形结节，似串珠状。椎骨和肋骨交接处也有类似情况。维生素 D 严重缺乏时，骨骼出现明显变形，胸骨在其中部急剧内陷，脊柱在荐骨与尾椎区向下弯曲，从而使胸腔体积变小。

【防治】

（1）预防　保证饲料中维生素 D 的含量，对散养鸡，可在饲料中加入晒制的青干草、鱼肝油，同时接受阳光的照射，集约化笼养鸡必须在饲料中加入维生素 D。雏鸡和后备鸡的添加剂量为每千克饲料 200IU，产蛋鸡和商品鸡为每千克饲料 500IU。保证饲料中钙、磷的含量，并维持适当的比例。保持适当运动，促进骨骼发育，增强骨骼的功能，蛋鸡上笼不宜过早，在开产前一个月上笼为宜。

（2）治疗　出现缺乏症时，饲料中维生素 D 的添加剂量增至正常添加剂量的 2~4 倍。对于症状严重的鸡，可口服鱼肝油，雏鸡每次 2~3 滴，每日 3 次，成年鸡肌肉注射维丁胶性钙 1mL/羽，每日 1 次，连用 3d。

9. 维生素 E 缺乏症

维生素 E 又称生育酚。维生素 E 是一组有生物活性、化学结构相似的酚类化合物的总称。目前已知的至少有 8 种，结构上的差别在于甲基的数量和位置。在化学结构上它们均为苯并二氢吡喃的衍生物，其中有四种（α、β、γ、δ）较为重要，以 α-生育酚分布最广，效价最高，最具代表性。

维生素 E 为黄色油状物，化学性质十分不稳定，易于被氧化分解。在饲料中可受到矿物质和不饱和脂肪酸的氧化而丧失活性；与鱼肝油混合，鱼肝油的氧化作用也可使维生素 E 的活性丧失。各种植物种子的胚乳中都含有比较丰富的维生素 E，在动物内脏和肌肉中也有一定量的维生素 E。

【症状及病变】

（1）脑软化症　微量元素硒和维生素 E 缺乏引起的病症。病雏表现运动共济失调，头向下挛缩或向一侧扭转，有的向后仰，步态不稳，时而向前或向侧面倾斜。两腿阵发性痉挛和抽搐。翅膀和腿发生不完全麻痹，最后衰竭死亡。病变主要在小脑，其次是纹状体、延髓和中脑。小脑发生软化及肿胀，脑膜水肿，有时有出血斑点，小脑表面常有散在的出血点。严重病例可见小脑质软变形，甚至软不成形，切开时流出乳糜状液体，轻者无肉眼可见病变。一般在脑软化症状出现后1~2d，脑内可见黄绿色混浊坏死点。易发生于2~5周龄雏鸡。

（2）渗出性素质　常因微量元素硒和维生素E同时缺乏而引起。病鸡的特征性病变是颈、胸部皮下组织水肿，呈紫色或蓝绿色，腹部皮下蓄积大量液体，流出一种淡蓝色黏性液体；胸部和腿部肌肉、胸壁有出血斑点，心包积液和扩张。有时病鸡突然死亡，多发生在5周龄后。此病在诊断时应与葡萄球菌感染引起的皮肤及皮下组织坏死性炎症相区别。

（3）肌营养不良（白肌病）　维生素E和含硫氨基酸同时缺乏引起，多发于1月龄前后，病鸡消瘦、无力、运动失调，病理变化主要表现在骨骼肌特别是胸肌、腿肌因营养不良而呈苍白色，并有灰色条纹。在维生素E和微量元素硒同时缺乏时，还可引起心肌和肌胃肌严重的营养不良。

（4）繁殖率降低　种公鸡在缺乏维生素E时，性欲降低，排精量减少，精液质量下降，精子的活力降低；种母鸡在缺乏维生素E时，产蛋率基本正常，但孵化率降低。鸡胚从第4天开始死亡，在出壳前达到高峰，孵出的雏鸡弱雏增多，头部特别是枕后部水肿有出血，皮肤缺失，不能站立或站立不稳，多数死亡。

【防治】

各种饲料中都含有维生素E，但久存或经过加工处理的饲料维生素E含量减少，所以应注意饲料的储存与加工，防止久储和温度过高，可以多喂一些新鲜的青绿饲料。维生素E在饲料中的添加剂量：雏鸡和种鸡为每千克饲料10IU，后备鸡和产蛋鸡为每千克饲料5IU。在出现维生素E缺乏症时，可将剂量提高一倍，在鸡患渗出性素质及脑软化症时，应同时提高硒的添加剂量，每千克饲料提高至0.2mg（正常量为每千克饲料0.1mg）。在患有肌营养不良时，除提高维生素E、硒的添加量外，还应及时提高含硫氨基酸的剂量，轻度缺乏1~2d见效，重者需3~5d。在饮水中加入0.005%的亚硒酸钠维生素E注射液则显效更快，剂量为每20kg水加10mL。肌肉注射效果更佳，剂量为每次每羽0.3mL，隔天应用，连用2~3次。

（二）痛风

痛风是由于尿酸盐沉积于内脏器官或关节腔而形成的一种代谢性疾病。

【症状】

病鸡食欲不振，精神较差，贫血，鸡冠苍白，脱毛，羽毛无光泽，爪失水干瘪，排白色石灰渣样粪便，病鸡呼吸困难。关节痛风时，可见跗关节肿大，运动困难。

【病理变化】

血液循环越旺盛的器官如心、肝、肾等，痛风的病变越明显。内脏痛风时表现为病鸡的心脏、肝脏、肠道、肠系膜、腹膜的表面有大量石灰渣样尿酸盐沉积，严重者肝脏与胸壁粘连。肾脏肿大，有大量尿酸盐沉积，红白相间，呈花斑状。两条输尿管肿胀，输尿管中有大量白色的尿酸盐沉积，严重者形成尿结石，呈圆柱状，肾脏中的尿结石呈珊瑚状。关节痛风时，在关节周围及关节腔中，有白色的尿酸盐沉积，关节周围的组织由于尿酸盐沉着而呈白色。

【诊断】

根据剖检变化即可确诊。但须与肾型传染性支气管炎相区别，肾型传染性支气管炎其肾脏中尿酸盐沉积较少，输尿管中、肝脏、肠道表面一般无尿酸盐沉积，痛风发病急，发病率高，日粮中蛋白及钙盐正常。

【防治】

1. 预防

（1）预防和控制本病的发生，必须坚持科学的饲养管理制度，根据鸡不同日龄的营养需要，合理配制日粮，控制高蛋白、高钙日粮。15 周龄前的后备母鸡日粮中含钙量不应超过 1%。蛋鸡 16 周龄至产蛋率为 5%的鸡群，使用预产期日粮，其含钙量控制在 2.25%～2.5%为宜，高钙日粮可引起严重的肾脏损害。

（2）碳酸氢钠能使尿液呈强碱性，为结石（主要成分为 Ca-Na 尿酸盐晶体）的形成创造了条件，因此在改善蛋壳质量或其他用途时，只能使用推荐剂量，应用时间不宜过长。患痛风的病鸡禁止使用碳酸氢钠治疗或喂强碱性的饲料。

（3）饲养过程中定期检测饲料中钙、磷及蛋白的含量，抽样检测饲料中霉菌毒素的含量。

（4）适当增加运动，供给充足的饮水及富含维生素 A 的饲料，合理使用磺胺类及其他药物。

2. 治疗

（1）找出发病原因，消除致病因素。

（2）减少喂料量。比平时减少 20%，连续 5d，并同时补充青绿饲料，多饮水，促进尿酸盐的排出。

（3）使尿液酸化以溶解肾结石，保护肾功能。经研究表明，日粮中含氯化铵、硫酸铵、DL-甲硫氨酸、2-羟基-4-甲基丁酸（HMB）均能使尿液酸化，减少由钙诱发的肾损伤。日粮中添加氯化铵的量不超过 10kg/t，硫酸铵不超过

5kg/t，DL-甲硫氨酸不超过 6kg/t，HMB 不超过 6kg/t 时可减少死亡率。饮水中也可加入乌洛托品或乙酰水杨酸钠进行治疗。

（三）肉鸡猝死综合征

肉鸡猝死综合征，又称暴死症、急性死亡综合征、两脚朝天症或翻跳病，以肌肉丰满、外观健康的肉鸡突然死亡为特征。死亡率在 0.5%~5%，最高达 15%。由于饲养水平不断提高，近年来此病对肉鸡业的危害日益严重。本病主要发生于饲养管理好、生长速度快、饲料报酬高的鸡群。一般认为肉鸡猝死综合征是一种代谢病。

【症状】

病鸡死前一分钟无任何异常，其特征性症状是行为正常的鸡突然出现平衡失调，猛烈扑动翅膀和强烈肌肉收缩，症状持续约一分钟鸡即死亡。在发作时多数病鸡发出粗厉的叫声或凄泣的叫唤并扑打背部。死后多以背部着地，少数以体侧面着地。无论死时体姿如何，颈和脚都呈伸展状态。死亡鸡多是同群鸡中生长速度较快，体重较大的。

【病理变化】

剖检可见，患鸡腹部饱满，嗉囊中含有饲料，胃肠道中充满食物，十二指肠内容物常呈奶样外观，胸肌呈粉红色或表现苍白。肺脏弥漫性充血，气管内有泡沫状渗出物。肝脏增大、苍白、易碎，有的鸡肝脏被膜下出血或肝脏破裂，胆囊空虚，肾脏变白。心脏稍扩张，心房充满血凝块，心室紧缩无血，心室收缩使心脏呈长条状。

【防治】

肉鸡猝死综合征属急性发作性疾病，目前尚无较理想的治疗方法，用碳酸氢钾 0.62g/羽饮水能明显降低发病鸡群的死亡率。在饲料中掺入碳酸氢钾 3.6kg/t 进行治疗，能使死亡率显著降低。在饲养管理上，采取良好的管理措施，实施光照强度低的渐增光照程序。使用以玉米和植物油为能量源的平衡日粮。限制饲养，降低肉鸡的生长速度。由于肉鸡猝死综合征病因复杂，因此必须采取综合性防治措施，才能有效地控制其发生。

（四）肉鸡腹水综合征

肉鸡腹水综合征是以明显的腹水、右心扩张、肺充血、水肿以及肝脏的病变为特征的一种非传染性疾病。因该病的发生与高海拔饲养环境有关，故又称为“高海拔病”。

本病主要侵害肉鸡，是影响肉鸡饲养业发展的一个严重问题。

【症状】

本病可表现为突然死亡，但通常病鸡小于正常鸡，而且羽毛蓬乱和倦怠，病鸡不愿活动，呼吸困难和发绀。最明显的临床症状是病鸡腹部膨大，呈水袋状，触压有波动感，腹部皮肤变薄发亮。严重者皮肤瘀血发红，有的病鸡站立困难，以腹部着地呈企鹅状，行动迟缓，呈鸭步样。腹腔穿刺流出透明清亮的淡黄色液体。

【病理变化】

本病的特征性变化是腹腔中积有大量清亮而透明的液体，呈淡黄色，部分病鸡的腹腔中常有淡黄色的纤维蛋白凝块。肝脏充血肿大，严重者皱缩，肝脏变厚、变硬，表面凹凸不平。肝被膜上常覆盖一层灰白色或淡黄色纤维素性渗出物。肺脏瘀血水肿，副支气管充血。心脏体积增大，心包有积液，右心室扩张、柔软，心肌变薄，肌纤维苍白。肠管变细，肠黏膜呈弥漫性瘀血。肾脏肿大、充血，呈紫红色。

【防治】

肉鸡腹水综合征不是单一因子所致，而是多种因子共同作用的结果。所以，对腹水症的防治应采取综合性措施。

1. 抑制肠道中氨的水平

抑制肠道中氨的水平可减少腹水症的发生和死亡。给肉鸡饲喂尿素酶抑制剂，既抑制了小肠和大肠中的尿素酶活性，又降低了小肠和大肠内的氨含量，从而降低门脉排血器官的黏膜组织周转率和耗氧量，这样就有较多的氧供机体利用，消除了造成腹水症及其死亡的原动力。

2. 添加碳酸氢钠

在低压缺氧条件下，可使肉鸡体内局部氢离子的浓度升高，酸中毒可造成肺部血管缩小导致肺动脉压增高。加入碳酸氢钠可中和酸中毒，使血管扩张降低肺动脉压，从而降低腹水症的发病率。

3. 早期限饲

由于该病发生的日龄越来越早，采取早期限饲可有效地减少以后的腹水症及死亡。

4. 改善饲养环境

在高密度饲养肉用仔鸡时，舍内空气中的氨气、灰尘和二氧化碳的含量是诱发腹水症的重要原因。所以应调整饲养密度，改善通风条件，减少舍内有害气体及灰尘的含量，以便有充足的氧气。

5. 孵化补氧

孵化缺氧是导致腹水症的重要因素，所以在孵化的后期，向孵化器内补充氧气能产生有益的作用。

6. 减少应激反应

肉鸡生长需要一个较安静、空气新鲜的生活环境，减少或避免不良因素对鸡群的刺激是预防肉鸡腹水综合征的基础措施。如更换垫料、带鸡消毒、高热寒冷、噪声惊吓、异味刺激等，都会使鸡产生不同程度的应激反应，影响免疫力或降低食欲。因此，选择在夜间低光照下进行带鸡消毒、更换垫料等，是减轻应激反应的有效方法。

7. 添加维生素

维生素 C 可以降低高浓度 NaCl 诱导腹水症引起的肉鸡死亡率，日粮中维生素 C 添加量应在 450~500mg/kg。维生素 E 具有抗氧化作用，能防止饲料中不饱和脂肪酸的氧化，日粮中维生素 E 含量应为 24mg/kg，可增强机体抵抗力，降低腹水症的发生。

四、家禽中毒病及其防治技术

（一）食盐中毒

食盐是维持家禽正常生理活动所必需的物质，是禽类日粮中必需的营养成分，一般占日粮的 0.25%~0.5%，主要用于补充钠，以维持鸡体的酸碱平衡和肌肉的正常活动，同时还可增强饲料的适口性，增强食欲。若采食过多，则发生中毒。

【症状】

当机体摄入大量食盐后，直接刺激胃肠黏膜引起炎症反应。由于胃肠道内渗透压增高，导致组织脱水，口渴严重。血液中一价阳离子的增多，使中枢神经处于兴奋状态。临床表现为食欲减少或废绝，口渴现象严重，争抢喝水，嗉囊扩张、较软、含有大量液体，鼻或口中流黏液性分泌物，腹泻，下痢，呼吸困难。运动失调，步态蹒跚，最后瘫痪，因呼吸衰竭而死亡。雏鸡发生中毒后，常出现神经症状，无目的地冲撞，胸腹朝天，两脚蹬踏，头仰向后方，头颈不断旋转，鸣叫不止，最终因麻痹死亡。

【病理变化】

消化道黏膜因大量食盐的刺激而出现出血性卡他性炎症，嗉囊黏膜脱落，充满黏性液体，肠道明显充血和出血，肠黏膜脱落，肠道内有稀软带血的粪便。皮下水肿，呈胶冻样，心包积液，腹腔积水。肺充血、水肿，脑膜血管充血扩张或有出血点。

【防治】

（1）严格控制饲料中的食盐含量，一般不应超过 0.3%，特别是对雏鸡更应格外留心，应慎重添加未经测定食盐量的鱼粉。

（2）供给清洁、新鲜、不含食盐的饮水，并使鸡能自由充足的饮用。

（3）发生食盐中毒时，须停止饲喂含食盐的饲料和饮水，饮用1%的葡萄糖。轻者一般可自愈，重者往往预后不良。

（二）黄曲霉毒素中毒

黄曲霉毒素是黄曲霉、寄生曲霉和软毛曲霉的一种代谢产物，目前已发现黄曲霉毒素及其衍生物有20多种，它们都具有致癌作用，导致畜禽和人类肝脏损害和肝癌，最易感染黄曲霉的是一些植物的种子，包括花生、玉米、黄豆、棉籽等。家禽中毒是由于被感染的种子及其副产品作饲料所致，黄曲霉最适宜的繁殖温度为24~30℃，在2℃以下和50℃以上即不能繁殖。最适宜繁殖的相对湿度为80%以上。

【症状】

雏鸡一般为急性中毒，多发于2~6周龄。食欲不振，生长不良，衰弱，贫血、冠苍白，排出白色稀粪，腿麻痹或跛行，死亡率较高。成年鸡较雏鸡的耐受性强，慢性中毒时，症状不明显，主要表现为食欲减少，消瘦、衰弱、贫血及恶病质。中毒病程长久者，可发生肝癌，产蛋鸡则产蛋量下降，孵化率降低。

【病理变化】

家禽在肝脏有特征性病理变化。急性中毒时，肝脏肿大，色淡而苍白，有出血斑。其他脏器的病变包括胆囊扩张，肾肿大和出血，十二指肠卡他性炎症或出血性炎症。慢性中毒时可见肝脏呈淡黄褐色，有多灶性出血和不规则的白色坏死病灶以及脂肪含量增加。非致死性黄曲霉毒素中毒病例，肝脏损害呈肝细胞肿胀，空泡变性，核过大以及大量的核分裂相，病程长达一年以上者可见肝癌结节。

黄曲霉毒素中毒的诊断必须依据病史、病理变化、症状做出初步诊断，确诊必须参考病理学特征变化及黄曲霉毒素测定的结果；为了确定病原，亦可做真菌分离培养。

【防治】

本病尚无解毒剂，主要在于预防。饲料必须在收获时充分晒干，并放置通风干燥处，切勿放置于阴暗潮湿处而致发霉。已被污染的场所可将门窗关闭密封，用福尔马林、高锰酸钾水溶液熏蒸（每立方米空间用福尔马林25mL，高锰酸钾25mL，水12.5mL的混合液）或用过氧乙酸喷雾（每立方米空间用5%溶液2.5mL）进行消毒。如已发现中毒，立即停喂发霉的饲料。严重发霉的饲料以全部废弃为宜，轻度发霉的饲料，要进行磨碎，按1∶3的比例与水混合浸泡，并反复换水，直至浸泡的水呈现无色为止。要治疗并发性疾病，并增加维生素、微量元素、蛋白质及脂肪在饲料中的含量。在饲料中加入活性炭可起到一定的吸附毒素的作用。在提供无污染的饲料后，大多数霉菌毒素中毒的鸡能很快恢复。

五、家禽普通病及其防治技术

（一）肌胃糜烂症

肌胃糜烂症，是由于饲喂过量的鱼粉而引起的一种群发病。主要表现为肌胃发生糜烂和溃疡，甚至穿孔。本病的发病原因与饲料中添加鱼粉过量有关。鱼粉在生产加工、储运过程中会产生或污染一些有害物质，即溃疡素、组胺、霉菌毒素和细菌等。

【症状】

病鸡精神沉郁，食欲减少，步态不稳，闭眼缩颈，羽毛蓬松，嗜睡。鸡冠及肉髯苍白。嗉囊外观呈黑色，倒提时用手挤压嗉囊，可从口中流出黑褐色稀薄如酱油色的液体。病鸡腹泻，排出棕色或黑褐色软便，肛门周围羽毛粘有黑褐色稀粪。严重者迅速死亡，病程长者表现为渐进性消瘦，最后因衰竭而死亡。

【病理变化】

嗉囊呈黑色，肌肉苍白，从口腔到直肠的消化道内有暗褐色液体，尤其是嗉囊、腺胃及肌胃内积满暗黑色液体。腺胃松弛，无弹性，腺胃乳头部扩张，膨大，刀刮时有褐色液体流出，有1~2mm的溃疡。肌胃黏膜面皱襞排列不规则，肌胃与腺胃结合部位以及在十二指肠开口部附近有程度不同的糜烂及米粒大或较大的散在性溃疡。严重的病例在腺胃与肌胃间穿孔，流出多量的暗黑色黏稠液体，污染十二指肠或整个腹腔。在消化道中以十二指肠病变较显著，其内容物呈黑色，黏膜易剥离，肝脏苍白，脾脏萎缩，胆囊扩张。

【防治】

1. 预防

（1）对该病进行检测　在日本，针对雏鸡开始采食含有溃疡素的鱼粉3小时内，就可在血中检测出溃疡素的特点，在现场只要采取1mL以下的少量血液就能推断鱼粉中是否存在溃疡素，可用来确诊发现病兆的鸡。

（2）采用受体拮抗剂　采食含有溃疡素的进口鱼粉，胃内pH下降，总酸量增加，胃酸分泌亢进。若喂组胺H_2受体拮抗剂，在饲料中添加10mg/kg甲腈咪胺、西咪替丁等治疗溃疡素极有效的药物，溃疡素的作用就受到抑制，从而保持雏鸡正常生长。

（3）制造含溃疡素低的鱼粉　鱼粉呈酸性，则溃疡素胺酸容易生成；干燥鱼粉，温度越高，溃疡素越容易产生。据此，干燥鱼粉时，若预先在原料内加赖氨酸、维生素 C，能显著抑制溃疡素生成。

（4）鱼粉采购时须慎重　购鱼粉时，要注意鱼粉色泽、气味，正常的鱼粉色泽应呈黄棕色或黄褐色，气味咸腥。呈红色的进口鱼粉，组胺与溃疡素含量高；鱼粉呈黑色或有褐色油污状，表明氧化严重而变质，大大降低或失去使用价值；气味若为腐臭、腥臭及刺鼻氨气为异常。优质鱼粉松散、手捻柔软，若手感粗糙，则表明掺有骨粉、贝壳粉、沙子等。

（5）饲养中注意观察鸡群　使用鱼粉配制基础饲料喂鸡时，必须经常观察鸡群，一旦发病，应及时更换或减少鱼粉用量，以减少到5%以下为宜。

（6）正确把握鱼粉使用量　鱼粉的营养价值很高，对畜禽几乎是植物性蛋白难以替代的饲料，但必须正确使用起到恰如其分的效果。当日粮中各营养成分较平衡时，鱼粉的需要量：雏鸡和育成鸡饲料，含3%左右；产蛋鸡含2%左右；肉鸡前期3%~4%，后期2%~3%；超过5%则易发生肌胃糜烂症。

（7）采用酸碱对抗剂　由于肌胃糜烂症在酸性条件下发病率高，在中性或碱性条件下发病率低，且肉鸡多采用高能量高蛋白饲料，胃肠内乳酸浓度高，pH 较低。可在饲料中或饮水中添加 0.2%~0.4%小苏打。

2. 治疗

（1）发病后应及时更换饲料，使用优质鱼粉，并调整鱼粉添加量。

（2）饮水中加入 0.4%的碳酸氢钠，早晚各饮一次，连用 3d。饲料中添加维生素 K_3 和 0.01%的环丙沙星。

（二）啄癖

啄癖是养鸡生产中的一种多发病，常见的有啄羽、啄趾、啄背、啄肛、啄头等。轻者使鸡受伤，重者造成死亡。如不及时采取措施，啄癖会很快蔓延，带来很大的经济损失。

【病因】

引起啄癖的原因很多，主要有以下几个方面。

（1）饲料搭配不当　日粮单一，饲喂量不均或搭配不当，会导致微量元素和维生素缺乏而引起啄癖。若日粮中缺乏蛋白质、纤维素易引起啄肛；缺乏含硫氨基酸易导致啄羽、啄肛；钙含量不足或钙磷比例失调，会引起啄蛋。

（2）饲养密度过大，通风不良，鸡群拥挤，缺乏运动，采食、饮水不足。

（3）光照过强，鸡群兴奋而互啄；或产蛋鸡暴露在阳光下，母鸡不能安静产蛋，常匆忙产蛋肛门外突，而招致其他鸡啄食。

（4）皮肤有疥癣或其他外寄生虫寄生，刺激皮肤，先自行啄羽毛，有创伤后，其余的鸡群起啄创伤处。

（5）育雏室闷热，温度过高，或育雏舍过冷而育雏器过暖，雏鸡拥挤易引起啄癖的发生。

【防治】

1. 预防

（1）断喙　于6～9日龄断喙可有效地预防啄癖的发生。为防止断喙后出血，手术前后应喂以适量维生素K，并给以清凉饮水。

（2）合理分群　按鸡的品种、年龄、公母、大小和强弱分群饲养，以避免发生啄斗。

（3）加强管理　鸡舍要通风良好，舍温保持18～25℃，相对湿度以50%～60%为宜。饲养密度以雏鸡20羽/m^2、育成鸡7～8羽/m^2，成年鸡5～6羽/m^2为宜，设置足够的食槽和水槽。

（4）光照不宜过强　利用自然光照时，可在鸡舍窗户上挂红色帘子或用深红色油漆涂窗户玻璃，使舍内仅产生一种暗红色；人工光照时照度以3W/m^2为宜。

（5）合理配制饲料　根据鸡的营养需要合理配制日粮，雏鸡料中的粗蛋白质含量应为16%～19%，产蛋期不低于16%；饲料中的矿物质（如钙、磷）应占2%～3%。

（6）产蛋箱要足够，并设置在较暗的地方，使母鸡有安静的产蛋环境。

（7）有外寄生虫时，鸡舍、地面、鸡体可用0.2%的溴氰菊酯进行喷洒，对皮肤疥螨病可用20%的硫黄软膏涂搽。

（8）平养鸡可在运动场上悬挂青菜让鸡群啄食，既分散鸡的注意力，减少啄癖，又可补充维生素。

2. 治疗

（1）出现啄癖时，可在饲料中加1%～2%的石膏，连用5～7d。或在饲料中增加2%食盐，饲喂4～5d，并挑拣出有啄癖的鸡。

（2）若为单纯啄羽可用1%的人工盐饮水，连用3～5d。也可用硫酸亚铁和维生素B_{12}治疗。体重0.5kg以上者，每羽鸡每次口服0.9g硫酸亚铁和2.5g维生素B_{12}，体重小于0.5kg者，用药量酌情减少，每日2～3次，连用3～4d即可。

（3）对被啄的鸡伤口，涂以有特殊气味的药物，如鱼石脂、松节油、碘酒、紫药水，使别的鸡不敢接近，利于伤口愈合。

（三）中暑

中暑又称热应激，是指家禽在高温环境下，由于体温调节及生理机能趋于紊乱而发生的一系列的异常反应，并伴随生产性能下降，甚至出现热休克和死亡。中暑多发生于夏秋高温季节，特别多见于集约化饲养的种鸡及快大型肉鸡。

【症状】

中暑时，最先出现的症状是呼吸加快，心跳增速。当环境温度超过 32℃时，呼吸次数显著增加，出现张口伸颈气喘、翅膀张开下垂、体温升高为特征的热喘息；同时伴随食欲下降，饮水增加。产蛋家禽产蛋量下降，蛋重减轻，蛋壳变薄、变脆；处于生长期的鸡，其生长发育受阻，增重减慢；种公禽精子生成减少，活力降低，母禽受精率下降，种蛋孵化率降低。当环境温度进一步升高时，热喘息由间歇转变为持续性，食欲废绝，饮欲亢进，排水便，可见战栗、痉挛倒地，冠苍白，甚至昏迷，濒死前可见深而稀的病理性呼吸，最后因神经中枢的严重紊乱而死亡。长期慢性热应激的鸡可见部分脱毛现象。

【病理变化】

血液凝固不良，尸冷缓慢，肺脏瘀血、水肿，胸膜、心包膜，以及肠黏膜都有瘀血；腺胃变薄变软，肝脏表面有散在的出血点，脑及脑膜的血管瘀血，并有出血点，脑组织水肿。

【防治】

1. 预防

（1）鸡舍建筑不能太矮并应尽可能坐北朝南，开设足够的通风孔，鸡舍周围适当种植树草。

（2）安装必要的通风降温设备，如风扇、水帘等，可采用水帘加纵向通风的最佳通风系统。

（3）屋顶喷白色反射漆，或涂白水泥，以减少热量的吸收。

（4）炎热季节，降低饲养密度，适当改变饲喂制度，改白天饲喂为早晚饲喂。相应调整饲料的能量和蛋白水平，适当增加维生素的供应，白天供应足够的饮水，最好给予冷井水，并在水中适当添加电解质。

（5）使用抗热应激剂，常用药物及使用方法有以下几种。

①在日粮中补充维生素 C。在常温条件下，家禽能合成足够的维生素 C 供机体利用，但在热应激时，机体的合成能力下降，对维生素 C 的需要量增加，一般在日粮中添加 0. 02%～0. 04%的维生素 C。

②在日粮或饮水中补充氯化钾。由于饲料中含钾量较高，所以常温不需要在日粮中补充。但在热应激时，由于出现低血钾，必须从外界补充钾，一般饮水中补充 0. 15%～0. 30%的氯化钾或在日粮中补充 0. 3%～0. 5%的氯化钾。

③在日粮或饮水中补充氯化铵。鸡热应激时，出现呼吸性碱中毒，在日粮或饮水中补充氯化铵能明显降低血液 pH，一般在饮水中补充 0. 3%的氯化铵或在日粮中添加 0. 3%～1. 0%的氯化铵。

④在日粮中补充碳酸氢钠。由于热应激时，鸡血液中碳酸氢根离子含量降低，所以在日粮中补充碳酸氢钠，同时减少氯化钠在饲料中的用量，一般在饲料中补充 0.5%碳酸氢钠。由于补充碳酸氢钠后，血液的 pH 会升高，所以同时补充 0.5%的碳酸氢钠和 1%的氯化铵效果更好。

⑤在日粮中补充柠檬酸。补充柠檬酸可使鸡血液 pH 下降，添加量在 0.25% 左右。

2. 治疗

鸡群发现有中暑症状时，必须立即急救。将病鸡移到阴凉地方，大群鸡可用冷水喷雾降温。

项目九　生态鸡养殖档案及产品质量安全

[**知识目标**]

1. 明确生态鸡养殖档案建立的意义、内容及生产常用记录表。
2. 掌握产品质量认证基础知识。
3. 掌握追溯系统建立的目的、意义及内容。
4. 掌握生态鸡产品包装、运输及保鲜技术。

[**技能目标**]

1. 具备建立和填写生态鸡养殖档案的能力。
2. 能够正确填写生产常用记录表。
3. 能够明确产品质量认证的程序并开展此项工作。
4. 能够正确使用家禽二维码标识，能够建立生态鸡追溯系统。
5. 具备生态鸡产品包装、运输及保鲜技术。

[**课程思政目标**]

1. 培养学生绿色生态、可持续发展的养殖理念，提升学生良好的环保意识、职业素养、文化素养等综合素质。
2. 培养学生诚实守信、精益求精的工匠精神和劳动精神。
3. 培养学生具备从事本专业安全生产意识、法治意识、纪律意识、规矩意识。

[**必备知识**]

一、生产管理记录

（一）养殖档案建立的意义

做好生态鸡生产档案管理，对于总结生产经验、提高养鸡效益、提高疫病防治能力、建立追溯体系等方面都有着至关重要的作用。许多生态鸡养殖户因没有档案记录，对以前的用药和免疫情况记忆模糊，不能提供对诊断病情有用的参考资料。有的养殖户养完一批鸡后，只知道大概盈亏情况，具体盈亏多少则无从知道。凡此种种，都是因为没有完整档案记录造成的。为了取得更好的经济效益，做好必要的档案记录是很有必要的。通过档案记录可以随时掌握鸡群防疫、鸡群生长发育、饲料消耗、生产性能、盈亏等情况，为以后的生产积累经验。

（二）养殖档案建立的内容

1. 防疫档案的建立

防疫档案是鸡群防病治病的原始记录，是了解药品疫苗防治效果、总结疫病防治经验的重要手段。

（1）疫苗免疫记录　要完整记录疫苗种类、免疫时间、免疫方法、免疫剂量、疫苗有效期等内容。疫苗的购入发票、疫苗标签等也要保存。

（2）药品使用记录　鸡群需要使用药物时，要记录药物名称、生产厂家、有效期、开始使用时间、疗程、使用方法、使用剂量等。药品的购入发票、药品标签等也要保存。

（3）其他记录　包括进鸡前后的消毒记录、鸡病化验诊断记录、死亡淘汰记录等与防疫有关的内容。

2. 生产档案的建立

生产档案是鸡群饲养管理、生长发育、生产性能的记录，是全面掌握鸡群生长发育是否正常、饲养管理是否合理、生产性能是否达标的重要方法，是全面总结饲养管理经验的手段。

（1）购鸡记录　主要包括购进鸡苗的品种、年龄、日期、进鸡数量、进鸡厂家、购鸡合同、有关事项约定等。

（2）饲养管理记录　舍内温度、相对湿度、饲养密度、断喙、转群、称重、光照的增减时间等。

（3）饲料使用记录　主要记录使用饲料的品牌、有效期、饲喂时间、更换饲料时间、饲喂量等。如果是自配饲料，要记录使用原料的种类、配方等内容。

（4）生产性能记录　主要包括体重、均匀度、开产时间、产蛋率、产蛋高峰时间、高峰持续时间、蛋重等内容。

3. 收支档案的建立

收支档案是养鸡过程中各种收入和支出的完整记录，是全面掌握养鸡盈亏情况的依据，是今后养鸡的决策根据。记录内容主要是各项收支情况，包括疫苗、药品、饲料、养鸡生产中的其他投入品的支出，鸡蛋、毛鸡、淘汰鸡收入等。

（三）养殖档案整理及保存

（1）鸡养殖场应建立专用的档案室或档案柜，并要求员工严格按照各项档案记录表要求填写，记录完整，确保真实有效。

（2）每半年对各种生产记录进行整理、分类装订成册。

（3）每批购进雏鸡证明，如种畜禽生产经营许可证、动物检疫合格证明等复印件，也要妥善保存。

（4）商品肉鸡养殖档案和防疫档案保存时间为两年以上。

（四）生产常用记录表

生态鸡生产中常用记录表见表 9-1 至表 9-9。

表 9-1　　生态鸡引种记录表

序号	项目	内容
1	路途运输时间、到场数量	
2	供种单位名称及联系方式	
3	供种单位种畜禽生产经营许可证编号	
4	供种单位动物防疫条件合格证编号	
5	供种单位备案号	
6	引种合同编号	
7	引种证书编号	
8	产地检疫证编号	
9	运输消毒证编号	
10	发票编号	
11	品种	
12	代次	
13	规格（苗鸡/种蛋）	
14	执行的苗鸡/种蛋标准	
15	引种日期	
16	亲本日龄	

续表

序号	项目	内容
17	引种数量（购买数+路损数）	
18	单价（提货价/到场价）	
19	出场免疫情况	
20	运输方式（自提/送货到场）	
21	运输工具	
22	随机配送饲养管理指南本数	
23	备注	

注：所有表、证、合同、单据复印件，均粘贴于本记录表背面。

表 9-2　　　　疫苗、药品采购与保管记录表

项目	品名 1	品名 2	品名 3	品名 4
种类（疫苗）				
产地或生产单位				
经销商				
采购日期				
进库数量				
品质等级（饲料）				
包装规格				
单价				
批号（疫苗、药品）				
有效期（疫苗、药品）				
保存方式（疫苗、药品）				
采购人				
领用部门				
领用人				
领用时间				

续表

项目	品名 1	品名 2	品名 3	品名 4
领用量				
库存量				
备注				

表 9-3　　免疫记录表

栋号：　　品种：　　饲养员：

疫苗种类	疫苗名称	疫苗类型	计划接种日期	实际接种日期	日龄	公鸡数	母鸡数	接种方法	免疫剂量	领用总量	载体用量	接种人	疫苗制造商及批号	有效期	接种效果	备注

表 9-4　　药品使用记录表

栋号：　　品种：　　饲养员：

药品名称	日龄	鸡群数量	包装规格	疾病诊断	开始日期	停止日期	用药剂量	领用数量	使用方法	休药期	治疗反应	使用人	生产单位	批号	有效期	备注

表 9-5　　消毒记录表

日期	消毒地点	消毒方法	消毒剂名称	生产厂家	批号	用量	稀释倍数	消毒人	备注

表 9-6　　饲料及饲料添加剂使用记录

栋号：　　品种：　　饲养员：

日期	日龄	鸡群数量	名称代号	包装规格	领用总量	使用数量	生产单位	生产日期	品质等级	使用人签字	备注

表 9-7　病死鸡剖检记录表

品种：　　饲养员：　　群体数量：　　只

日期	栋别	日龄	死亡情况	临床症状	剖检病变	原因分析	处理措施	兽医签名

表 9-8　粪污无害化处理记录表

日期	栋号	数量	处理方法	去向	处理单位（处理人）签字	备注

表 9-9　病死鸡、死胎无害化处理记录表

日期	栋号	品种	数量	处理原因	处理方法	处理单位（处理人）签字	兽医签字	备注

注：处理或死亡原因填写实施无害化处理的原因，如传染病、正常死亡、死因不明等；处理方法根据原农业部《病死动物无害化处理技术规范》，规范开展病死鸡的无害化处理；处理单位中委托无害化处理场实施无害化处理的填写处理单位名称，由本厂自行实施无害化处理的由实施无害化处理的人员签字。

二、产品质量认证基础知识

（一）无公害农产品产地认证

加强生态鸡无公害管理，可提高其产品质量。因此，生态鸡进行无公害农产品产地认证，有助于提高产品档次和市场竞争力。无公害农产品产地认证程序如下。

1. 认证申请

申请无公害农产品产地认定的单位或者个人（以下简称申请人），应当向县级农业行政主管部门提交书面申请，书面申请应当包括以下内容：

（1）申请人的姓名（名称）、地址、电话号码；

（2）产地的区域范围、生产规模；

（3）无公害农产品生产计划；

（4）产地环境说明；

（5）无公害农产品质量控制措施；

（6）有关专业技术和管理人员的资质证明材料；

（7）保证执行无公害农产品标准和规范的声明；

（8）其他有关材料。

2. 县级审查

县级农业行政主管部门自收到申请之日起，在10个工作日内完成对申请材料的初审工作。申请材料初审不符合要求的，应当书面通知申请人。申请材料初审符合要求的，县级农业行政主管部门应当逐级将推荐意见和有关材料上报省级农业行政主管部门。

3. 省级审查

省级农业行政主管部门自收到推荐意见和有关材料之日起，在10个工作日内完成对有关材料的审核工作，符合要求的，组织有关人员对产地环境、区域范围、生产规模、质量控制措施、生产计划等进行现场检查。现场检查不符合要求的，应当书面通知申请人。

4. 产地环境检测

现场检查符合要求的，应当通知申请人委托具有资质资格的检测机构，对产地环境进行检测。承担产地环境检测任务的机构，根据检测结果出具产地环境检测报告。

5. 全面评审

省级农业行政主管部门对材料审核、现场检查和产地环境检测结果符合要求的，应当自收到现场检查报告和产地环境检测报告之日起，30个工作日内颁发无公害农产品产地认定证书，并报农业部和国家认证认可监督管理委员会备案。不符合要求的，应当书面通知申请人。

6. 证书有效期

无公害农产品产地认定证书有效期为3年。期满需要继续使用的，应当在有效期满90日前按照《无公害农产品管理办法》规定的无公害农产品产地认定程序，重新办理。

（二）无公害农产品认证

无公害农产品，是指产地环境、生产过程和产品质量符合国家有关标准和规范的要求，经认证合格获得认证证书并允许使用无公害农产品标志的未经加工或者初加工的食用农产品。对生态鸡进行无公害农产品认证，等于对该产品颁发了等级更高的市场通行证，其产品认证程序如下。

1. 认证申请

申请无公害产品认证的单位或者个人（以下简称申请人），应当向认证机构（无公害农产品的认证机构，由国家认证认可监督管理委员会审批，并获得国家认证认可监督管理委员会授权的认可机构）提交书面申请，书面申请应当包括以下内容：

（1）申请人的姓名（名称）、地址、电话号码；

（2）产品品种、产地的区域范围和生产规模；

（3）无公害农产品生产计划；

（4）产地环境说明；

（5）无公害农产品质量控制措施；

（6）有关专业技术和管理人员的资质证明材料；

（7）保证执行无公害农产品标准和规范的声明；

（8）无公害农产品产地认定证书；

（9）生产过程记录档案；

（10）认证机构要求提交的其他材料。

2. 受理审查

认证机构自收到无公害农产品认证申请之日起，应当在 15 个工作日内完成对申请材料的审核。材料审核不符合要求的，应当书面通知申请人。

3. 现场检查

符合要求的，认证机构可以根据需要派员对产地环境、区域范围、生产规模、质量控制措施、生产计划、标准和规范的执行情况等进行现场检查。现场检查不符合要求的，应当书面通知申请人。

4. 产品检测

材料审核符合要求的或者材料审核和现场检查符合要求的（限于需要对现场进行检查时），认证机构应当通知申请人委托具有资质资格的检测机构对产品进行检测。承担产品检测任务的机构，根据检测结果出具产品检测报告。

5. 颁发认证证书

认证机构对材料审核、现场检查（限于需要对现场进行检查时）和产品检测结果符合要求的，应当在自收到现场检查报告和产品检测报告之日起，30 个工作日内颁发无公害农产品认证证书。不符合要求的，应当书面通知申请人。

6. 上报备案

认证机构应当自颁发无公害农产品认证证书后 30 个工作日内，将其颁发的认证证书副本同时报农业部和国家认证认可监督管理委员会备案，由农业部和国家认证认可监督管理委员会公告。

7. 证书有效期及格式

无公害农产品认证证书有效期为3年。期满需要继续使用的，应当在有效期满90日前按照《无公害农产品管理办法》规定的无公害农产品认证程序，重新办理。在有效期内生产无公害农产品认证证书以外的产品品种的，应当向原无公害农产品认证机构办理认证证书的变更手续。无公害农产品产地认定证书、产品认证证书格式由农业部、国家认证认可监督管理委员会规定。

（三）绿色食品认证

绿色食品，是指产自优良生态环境、按照绿色食品标准生产、实行全程质量控制并获得绿色食品标志使用权的安全、优质食用农产品及相关产品。其认证程序如下。

1. 使用绿色食品标志的产品条件

申请使用绿色食品标志的产品，应当符合《中华人民共和国食品安全法》和《中华人民共和国农产品质量安全法》等法律法规规定，在国家工商总局商标局核定的范围内，并具备下列条件：

（1）产品或产品原料产地环境符合绿色食品产地环境质量标准；

（2）农药、肥料、饲料、兽药等投入品使用符合绿色食品投入品使用准则；

（3）产品质量符合绿色食品产品质量标准；

（4）包装贮运符合绿色食品包装贮运标准。

2. 申请使用绿色食品标志的生产单位条件

申请使用绿色食品标志的生产单位（以下简称申请人），应当具备下列条件：

（1）能够独立承担民事责任；

（2）具有绿色食品生产的环境条件和生产技术；

（3）具有完善的质量管理和质量保证体系；

（4）具有与生产规模相适应的生产技术人员和质量控制人员；

（5）具有稳定的生产基地；

（6）申请前三年内无质量安全事故和不良诚信记录。

3. 提交申请材料

申请人应当向省级工作机构提出申请，并提交下列材料：

（1）标志使用申请书；

（2）产品生产技术规程和质量控制规范；

（3）预包装产品包装标签或其设计样张；

（4）中国绿色食品发展中心规定提交的其他证明材料。

4. 受理审查及现场检查

省级工作机构应当自收到申请之日起10个工作日内完成材料审查。符合要求的，予以受理，并在产品及产品原料生产期内组织有资质的检查员完成现场检查；不符合要求的，不予受理，书面通知申请人并告知理由。现场检查合格的，省级工作机构应当书面通知申请人，由申请人委托符合规定的检测机构（承担绿色食品产品和产地环境检测工作的技术机构，应当具备相应的检测条件和能力，并依法经过资质认定，由中国绿色食品发展中心按照公平、公正、竞争的原则择优指定并报农业部备案）。对申请产品和相应的产地环境进行检测；现场检查不合格的，省级工作机构应当退回申请并书面告知理由。

5. 产品抽样检测

检测机构接受申请人委托后，应当及时安排现场抽样，并自产品样品抽样之日起20个工作日内、环境样品抽样之日起30个工作日内完成检测工作，出具产品质量检验报告和产地环境监测报告，提交省级工作机构和申请人。检测机构应当对检测结果负责。

6. 初审

省级工作机构应当自收到产品检验报告和产地环境监测报告之日起20个工作日内提出初审意见。初审合格的，将初审意见及相关材料报送中国绿色食品发展中心。初审不合格的，退回申请并书面告知理由。省级工作机构应当对初审结果负责。

7. 专家评审

中国绿色食品发展中心应当自收到省级工作机构报送的申请材料之日起30个工作日内完成书面审查，并在20个工作日内组织专家评审。必要时，应当进行现场核查。

8. 颁发证书

中国绿色食品发展中心应当根据专家评审的意见，在5个工作日内作出是否颁证的决定。同意颁证的，与申请人签订绿色食品标志使用合同，颁发绿色食品标志使用证书，并公告；不同意颁证的，书面通知申请人并告知理由。

9. 证书使用要求

绿色食品标志使用证书是申请人合法使用绿色食品标志的凭证，应当载明准许使用的产品名称、商标名称、获证单位及其信息编码、核准产量、产品编号、标志使用有效期、颁证机构等内容。绿色食品标志使用证书分中文、英文版本，具有同等效力。

10. 证书有效期

绿色食品标志使用证书有效期3年。证书有效期满，需要继续使用绿色食品标志的，标志使用人应当在有效期满3个月前向省级工作机构书面提出续展申请。省级工作机构应当在40个工作日内组织完成相关检查、检测及材料审核。初审合格的，由中国绿色食品发展中心在10个工作日内作出是否准予续展的决定。准予续展的，与标志使用人续签绿色食品标志使用合同，颁发新的绿色食品标志使用证书并公告；不予续展的，书面通知标志使用人并告知理由。标志使用人逾期未提出续展申请，或者申请续展未获通过的，不得继续使用绿色食品标志。

（四）有机产品认证

有机产品，是指生产、加工和销售符合中国有机产品国家标准的供人类消费、动物食用的产品。有机产品认证，是指认证机构依照本办法的规定，按照有机产品认证规则，对相关产品的生产、加工和销售活动符合中国有机产品国家标准进行的合格评定活动。有机产品认证程序如下。

1. 提交申请材料

有机产品生产者、加工者（以下统称认证委托人），可以自愿委托认证机构进行有机产品认证，并提交有机产品认证实施规则中规定的申请材料：

（1）认证委托人的合法经营资质文件的复印件，如营业执照、土地使用证、租赁合同等；

（2）认证委托人及其有机生产、加工的基本情况，如认证委托人名称、地址和联系方式，生产、加工规模，包括品种、面积、产量、加工量等描述；

（3）产地（基地）区域范围，包括地理位置图、地块分布图、地块分布等；

（4）申请认证的有机产品生产、加工、销售计划；

（5）产地（基地）、加工场所有关环境质量的证明材料；

（6）有关专业技术和管理人员的资质证明材料；

（7）保证执行有机产品标准的声明；

（8）有机生产、加工的质量管理体系文件；

（9）其他相关材料。

2. 受理审核

认证机构不得受理不符合国家规定的有机产品生产产地环境要求，以及有机产品认证目录外产品的认证委托人的认证委托。认证机构应当自收到认证委托人申请材料之日起10日内，完成材料审核，并作出是否受理的决定。对于不予受理的，应当书面通知认证委托人，并说明理由。认证机构应当在对认证委托人实施现场检查前5日内，将认证委托人、认证检查方案等基本信息报送至国家市场监督管理总局确定的信息系统。

3. 现场检查及产品检验检测

认证机构受理认证委托后，认证机构应当按照有机产品认证实施规则的规定，由认证检查员对有机产品生产、加工场所进行现场检查，并应当委托具有法定资质的检验检测机构对申请认证的产品进行检验检测。

按照有机产品认证实施规则的规定，需要进行产地（基地）环境监（检）测的，由具有法定资质的监（检）测机构出具监（检）测报告，或者采信认证委托人提供的其他合法有效的环境监（检）测结论。

4. 出具认证证书

符合有机产品认证要求的，认证机构应当及时向认证委托人出具有机产品认证证书，允许其使用中国有机产品认证标志；对不符合认证要求的，应当书面通知认证委托人，并说明理由。认证机构及认证人员应当对其作出的认证结论负责。

5. 认证要求

（1）认证机构应当保证认证过程的完整、客观、真实，并对认证过程作出完整记录，归档留存，保证认证过程和结果具有可追溯性。产品检验检测和环境监（检）测机构应当确保检验检测、监测结论的真实、准确，并对检验检测、监测过程作出完整记录，归档留存。产品检验检测、环境监测机构及其相关人员应当对其作出的检验检测、监测报告的内容和结论负责。所有记录保存期为 5 年。

（2）认证机构应当按照认证实施规则的规定，对获证产品及其生产、加工过程实施有效跟踪检查，以保证认证结论能够持续符合认证要求。

（3）认证机构应当及时向认证委托人出具有机产品销售证，以保证获证产品的认证委托人所销售的有机产品类别、范围和数量与认证证书中的记载一致。

（4）有机配料含量（指重量或者液体体积，不包括水和盐）等于或者高于 95%的加工产品，应当在获得有机产品认证后，方可在产品或者产品包装及标签上标注“有机”字样，加施有机产品认证标志。

（5）认证机构不得对有机配料含量低于 95%的加工产品进行有机认证。

6. 认证证书

国家市场监督管理总局负责制定有机产品认证证书的基本格式、编号规则和认证标志的式样、编号规则。

认证证书有效期为 1 年。认证证书包括以下内容：

（1）认证委托人的名称、地址；

（2）获证产品的生产者、加工者以及产地（基地）的名称、地址；

（3）获证产品的数量、产地（基地）面积和产品种类；

（4）认证类别；

（5）依据的国家标准或者技术规范；

（6）认证机构名称及其负责人签字、发证日期、有效期。

7. 认证标志

有机产品认证标志为中国有机产品认证标志。中国有机产品认证标志标有中文“中国有机产品”字样和英文“ORGANIC”字样（图 9-1）。

图 9-1　中国有机产品认证标志

三、产品追溯体系建立

（一）追溯体系建立目的意义

随着人们的生活水平提高，对生活中产品的质量要求也越来越严格，养殖企业管理的追溯防伪系统，以追溯信息为链条，记录每个家禽从养殖到餐桌的过程，实现了家禽养殖、屠宰加工、物流配送、消费终端等全产业的无缝监管，做到来源可追溯、去向可查证、责任可追究，让消费者更加了解商家的产品来源与途径，买得更加安心与放心。因此，建立健全产品质量追溯体系势在必行。其优势体现在以下几个方面。

（1）对市场反应快，快速精准追溯并召回问题产品　一旦产品出现问题，通过家禽养殖场溯源系统，可精确查找到各个环节有无窜货、责任人是谁并快速召回，避免市场流失。

（2）实现全过程追踪，一目了然　给每个家禽产品赋予一个二维码，产品出入库都必须扫描。产品正流向哪个区域、由哪个人负责运输管理、正规流通过程需要多长时间，物流全过程追踪、防窜货，企业一目了然。

（3）连接零售门店消费者，扫描可追溯查询　当用户购买时，可以直接扫产品包装上的二维码防伪查询，还可追溯产品一系列详情信息，包括生产、包装、仓储、经销商全环节的详情。

追溯体系建立后，从防疫角度看具有重大的社会意义。溯源系统充分利用现代科技，发展现代农业，推进养殖健康，提高了动物管理水平，更重要的是推动了动物疫病防控从被动管理向主动管理转变。其意义有以下几个方面。

（1）解决了各级兽医从业人员长期以来采用纸质档案记录动物免疫状况、开具检疫证明、登记监督情况而存在的登记工作量大、效率低的问题。

（2）减少基层业务人员登记档案时大量的手工操作，方便用户数据采集和录入，实现采集数据的准确性和一致性，数据可长期保存，便于防疫检疫信息的快速检索。

（3）将防疫、检疫、监督各业务流程有机的集成起来。当局部发生疫病时，借助先进的信息技术能够快速准确追溯动物的饲养、检疫、流通和屠宰路径，达到疫病监控和防治目的，实现动物疫病的快速准确溯源和动物产品质量安全追踪。

（二）追溯体系内容

1. 鸡产品追溯体系组成

鸡产品追溯体系因鸡只个体较小，一般采取批次管理的方式，主要包含五个子系统（图 9-2）。

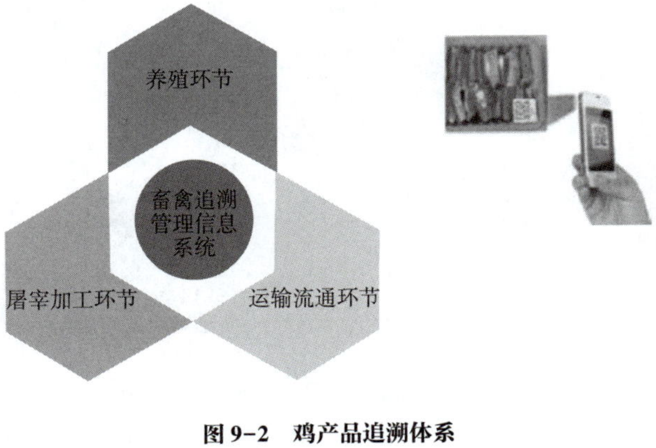

图 9-2　鸡产品追溯体系

（1）养殖管理子系统　将鸡只的基本信息，如鸡只批次编码、出生记录、饲料使用记录、免疫记录、检疫记录和药品使用记录等输入到养殖管理子系统中，并上报至信息管理中心（图 9-3）。

（2）屠宰加工管理子系统　主要功能是将屠宰场的基本信息、宰前检疫信息和鸡肉检疫信息等屠宰加工信息输入到屠宰加工管理子系统中，并上报至信息管理中心（图 9-4）。

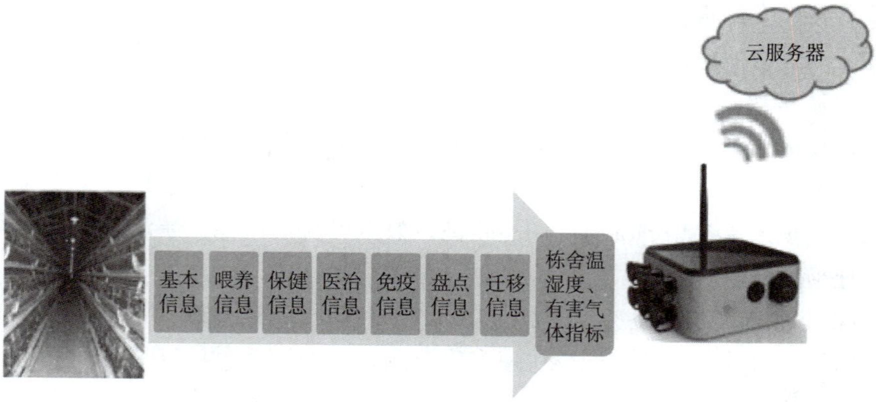

图 9-3 信息采集过程——养殖环节

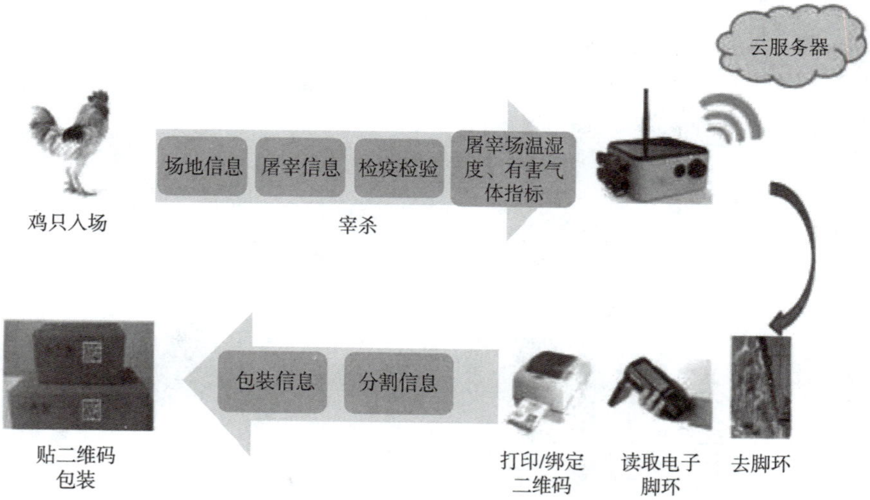

图 9-4 信息采集过程——屠宰加工环节

（3）运输管理子系统　主要功能是运输商信息、运输车辆信息、出发地与目的地信息等输入到运输管理组系统中，并上报至信息管理中心（图 9-5）。

（4）销售管理子系统　主要功能是将鸡产品基本信息、销售商信息等存储到销售管理子系统中，并上报至信息管理中心。

（5）二维条形码阅读子系统　主要功能是利用二维码为消费者提供鸡产品

信息查询。

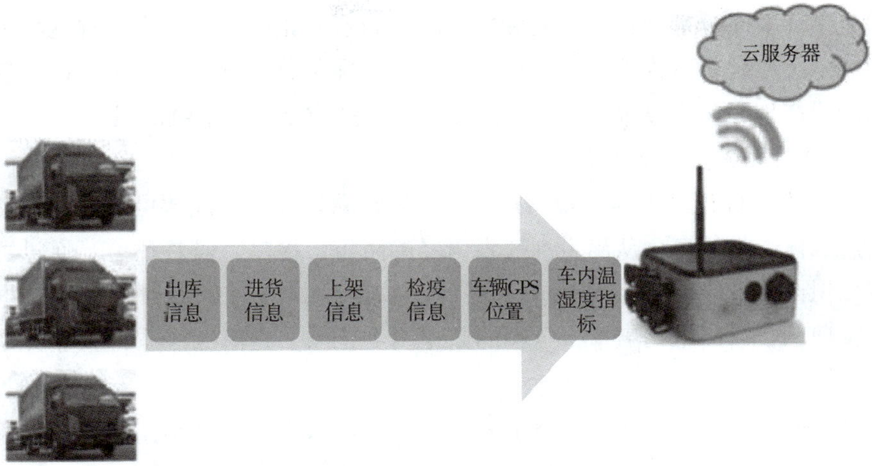

图 9-5　信息采集过程——运输流通环节

2. 动物标识及疫病可追溯系统

动物标识及疫病可追溯系统由畜禽标识申购与发放管理系统、动物生命周期全程监管系统、动物产品质量安全追溯系统构成（图 9-6）。这三大系统既紧密衔接，又相互独立，构成从标识生产、配发，到动物饲养、流通，再到动物屠宰、动物产品销售全程监管追溯体系。

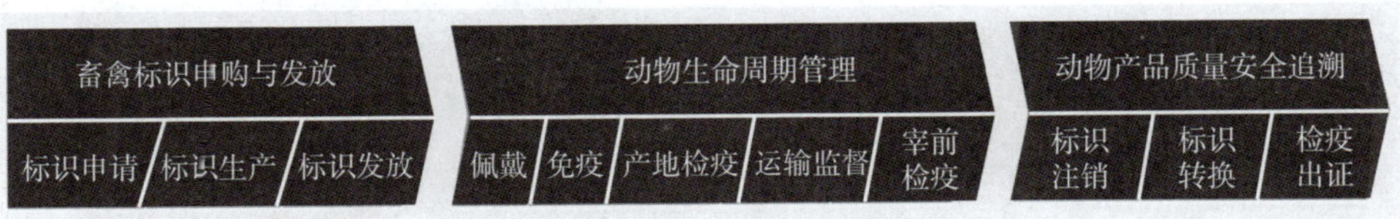

图 9-6　追溯系统三大系统组成图

（1）畜禽标识申购与发放管理系统　畜禽标识是动物标识及疫病可追溯体系中的重要防疫物资，畜禽标识作为标识动物的手段，从产生到注销具有严格的申请、审批、生成和发放管理制度。畜禽标识通过网络订购、签收、领用，不但能保证动物标识的质量，而且能快速、准确地查询动物标识的使用地。

（2）动物生命周期全程监管系统　在追溯体系中，采用移动智能识读器作为信息采集终端，实时地把饲养、产地检疫、运输、屠宰检疫四个环节的防疫、检疫和监督信息通过无线网络传送到中央数据中心，实现动物生命周期全程监管。

（3）动物产品质量安全追溯系统　动物产品质量安全追溯系统是动物标识及疫病可追溯体系的终极目标，将动物在进入屠宰企业时对应的唯一二维码标识同屠宰环节时分割动物产品的标准条码之间建立相应的关系来实现动物和产品的绑定，并提供多种不同的查询方式针对标准条码进行查询，进而可以获知动物的原产地，防检疫等信息，达到动物产品的质量安全追溯的目的。

3. 溯源系统相关设备

（1）畜禽标识二维码　畜禽标识二维码是动物标识及疫病可追溯体系的基本信息载体，贯穿畜禽从出生到屠宰历经的防疫、检疫、监督环节，通过可移动智能识读器等终端设备把生产管理和动物卫生执法监督数据汇总到数据中心，实现从畜禽出生到屠宰全过程的数据网上记录，是追溯体系三大业务系统的数据轴心。

畜禽标识二维码密度高，容量大，成本低；使用纠错机制，在磨损或污损时，也能正确识读；采用加密行业专用码，具有防伪功能。

家禽二维码标识常用脚环。鸡脚环又名鸡脚扣、鸡脚圈、鸡脚牌、鸡脚标、溯源脚环、二维码脚环等（图 9-7），是指套在鸡腿上或鸡同类脚上（图 9-8）的用以区分，方便管理和宣传的一种产品，起品牌宣传、品牌管理、养殖管理作用的防伪标识。

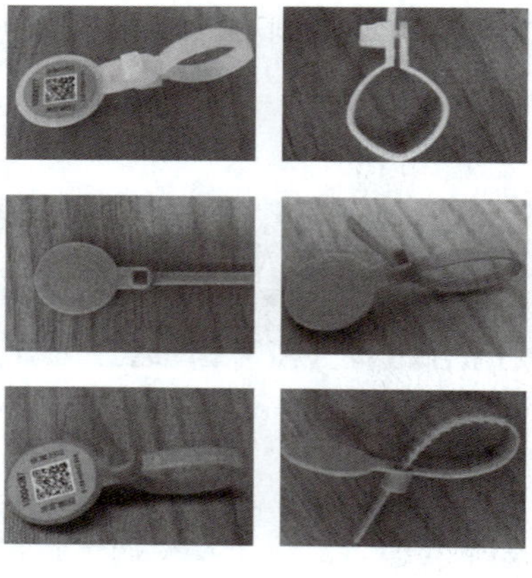

图 9-7　鸡脚环

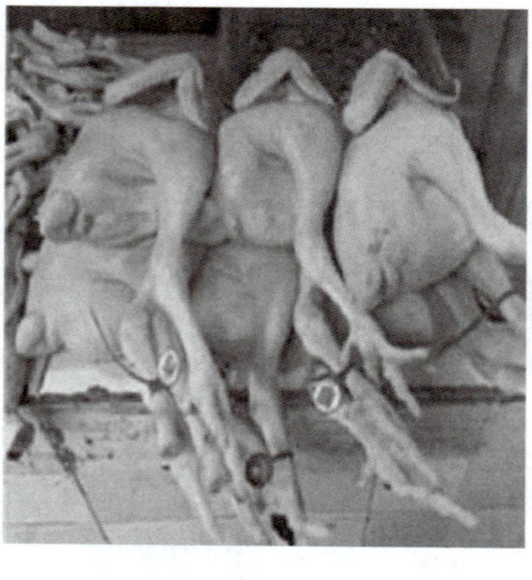

图 9-8　佩戴脚环的白条鸡

脚环一面是模具信息（如公司 LOGO、动检 LOGO 等信息），另一面是一物一码的塑料标签贴。

（2）移动智能识读器　能够识读脚环和检疫证二维码、集成身份验证、信息录入、IC 卡读写、电子检疫证打印与存储；实现数据通信集成一体，无线实时数据传输；应用远程自动更新系统、易于维护、支持手写和触摸屏；便携式设计、适合于防疫、检疫移动作业的需求。

（3）便携式打印机　可实现无线传输随时开证，证章真伪立即可验，业务IC卡（流通卡和防疫卡，防疫卡分为规模厂和散养户）存储业务数据，为业务人员提供简便、快捷的工作方法，作为网络基础设施不足条件下的信息备份，当网络不通时，及时提取IC卡中数据，保障工作进程。

（4）检疫证明　二维码检疫证明承载了动物检疫过程中的业务信息，是纸制证明的电子化，也是追踪溯源的其他依据。

4. 追溯体系管理和使用

（1）饲养环节　由防疫员为初生动物佩戴标识和免疫，扫描二维码，录入疫苗信息，利用移动智能识读器将饲养信息存入IC卡中，通过网络将免疫信息上传到中央数据中心。

（2）产地检疫　动物检疫员利用移动智能识读器扫描标识二维码或从防疫卡中读取待检动物标识信息，在线查询免疫等情况，对免疫合格的动物出具电子产地检疫证；并将产地检疫信息通过网络上传到中央数据库，并存入流通IC卡。

（3）流通监督　动物卫生监督员利用移动智能识读器扫描电子检疫证明二维码或通过网络查询，鉴别畜禽标识和电子检疫证的真伪，并将监督信息通过网络上传到中央数据库。

（4）宰前检疫　驻屠宰场动物检疫员利用移动智能识读器扫描畜禽标识或检疫证上的二维码进行信息查核，并将监督信息通过网络上传到中央数据库。

（5）动物产品安全监督　各级动物卫生监督管理机构利用网络监管平台，实时监控屠宰加工企业的生产和产品检疫动态，实现动物从出生到屠宰再到餐桌的全程质量安全监管，达到有效防控疫病和提高食品卫生水平的目标。

（6）消费者查询　消费者通过查询终端，如超市的查询机、网络等多种途径，对所购买的动物产品质量进行追溯查询，达到安全、放心消费的目的。

四、产品包装、运输及保鲜技术

（一）活鸡运输

活鸡运输过程中，常常由于违反操作要求而造成微生物、化学物污染，如运输车辆清洁不及时，在使用前未经彻底清洗和消毒而连续使用；在运输途中包装破损，受到尘土和空气中微生物、化学物污染等。因此，要加强活鸡运输管理。

1. 活鸡出栏注意事项

（1）活鸡出栏要采用全进全出制度，出栏前4~6h停喂饲料、但不停止供水；捉鸡时应抓住鸡的双腿，往笼内轻放，鸡笼内不可放鸡过多，防止鸡群挤压成堆（捉鸡过程中尽可能避免惊扰鸡只）；运输途中要平稳，到达目的地后及时卸车，以减少应激甚至死亡。

（2）活鸡出栏后需要对鸡舍及其设备进行全面清洗、消毒，空舍至少2周，彻底消灭传染源，切断传播途径。

2. 活鸡的运输

活鸡必须为来自非疫区的健康鸡群。活鸡在运输前，货主应向当地动物卫生监督机构申报检疫，办理动物产品检疫证明。检验合格后方可运输。运鸡的笼具和车辆必须清洗、消毒。装笼时要注意健康检查，及时发现和剔除病鸡。活鸡运输要注意以下事项。

（1）装笼密度要适宜　活鸡是鲜活商品，因在运输过程中比较集中，必须根据季节的不同，适当增减每笼的活鸡数，使活鸡有一定的空间，保证正常运输。根据季节及气温变化，酌情增减1~2羽，以减少死亡残损，提高商品质量。

（2）选择好的运输笼　因长期运输及路况原因，容易造成笼具挤压而鸡只伤亡，所以选好笼具非常重要。活鸡运输笼一般选用钢筋结构的铁丝笼，规格为750mm×550mm×270mm，每笼装运12羽活鸡。也可使用一次性的竹笼运输，竹笼通风透气，易于装卸，成本低，特别适合夏季的长途运输，但容易造成挤压。又可以用塑料笼运输，塑料笼坚固耐用，但吸热快、散热慢，不适于夏季长途运输。

（3）调整运输时间　原则上根据季节及天气情况，调整运输时间。一般春秋季节13：00~15：00发车为宜；夏秋季节为晚上发车。气温低、阴天则早装早运，天气热则晚装晚运。尽可能避免车辆在日光下暴晒，若夏季温度太高，装车前将汽车、运输笼及活鸡淋水降温，以减少闷热，尽量减少运输损失。

（4）选择畅通路线，做好应急防范措施　运输途中难免发生交通拥堵情况，因此发车前应选择畅通的路线。发生堵车时，车厢内活鸡因缺少空气流动被闷死的概率大大增加。因此装笼时，放在底层的运输笼少装鸡，并注意保持笼间通风。在有水源的地方可采取鸡身淋水降温的措施防止活鸡闷死。

（5）积极参保，减少损失　若因路上堵车、车辆在运输途中发生故障等引起活鸡死亡情况，可以及时反映给保险公司，获得一部分赔偿，从而减少损失。

3. 肉鸡的屠宰检疫

（1）宰前检疫

①屠宰企业不得接受来自疫区、运输过程中死亡、有传染病或疑似传染病、来源不明的肉鸡。

②屠宰时应按国家有关规定进行宰前检验，并仔细观察活鸡的外表，如行

为、身体状况、体表、排泄物及气味等。对有异常症状的肉鸡要及时隔离观察，并做进一步临床检查，必要时进行实验室检测。

③对判定为不宜屠宰的肉鸡，应按照有关规定处理。

④应将宰前检验信息及时反馈给饲养场，并做好宰前检验记录。

（2）宰后检疫

①宰后检疫应按照国家有关规定和标准执行。

②应用宰前检验信息和宰后检疫结果，判定鸡肉是否适合人类食用。

③废弃的鸡肉，应做适当标记，防止与其他肉类交叉污染。

4. 冷链运输

冷链运输是指在运输全过程中，装卸搬运、变更运输方式、更换包装设备等环节，都使所运输货物始终保持一定温度的运输。

当前鸡肉的市场流通方式一般分为生鲜鸡、冰鲜鸡、冰冻鸡。

（1）生鲜鸡　又称现宰鸡，平时在市场最常见的现场宰杀活鸡。从屠宰环节来看，市场生鲜鸡的屠宰间过于狭小，通常不能分区操作，烫毛用水反复使用，污染较严重，容易大量滋生细菌。同时在运输销售过程中，不免要受到空气、昆虫、运输车和包装等多方面污染，无法保证鸡肉的使用安全性。

（2）冰鲜鸡　一般是严格执行检疫制度屠宰的鸡，进行冰水冷鲜、风冷，使鸡的胴体温度在1h内降为0~4℃，然后进行保鲜处理和包装，并在后续的加工、流通和零售过程中始终保持在0~4℃，香港称之为冰鲜鸡，内地称为冷鲜鸡，此种类型的鸡一般保鲜期不超过7d。

（3）冰冻鸡　是指鸡屠宰加工后，经冻结处理，其中心温度在-15℃以下的产品。

由于受禽流感疫情的影响，活鸡交易受到质疑，冰鲜鸡市场的发展机遇很大，冰鲜鸡消费是大势所趋。从营养学角度来看，鸡主要的营养物质如蛋白质、脂肪和一些微量元素、维生素等，冰鲜鸡和活鸡无任何差别。但所有动物在屠杀后都有一个排酸过程，不宜立即食用，低温冰鲜保存能抑制细菌生长，延缓肉质腐败变质。在口感上，冰鲜鸡在冷链状态下在肉体表面形成一层干燥膜，减缓肉体水分挥发，因此保质期内的冰鲜鸡肉色泽鲜艳，肌红蛋白不会褐变，肉质更为柔软，口感更佳。故冰鲜鸡口感优于生鲜鸡，冷冻鸡最差。从微生物角度来看，冰鲜鸡和冷冻鸡都不错，生鲜鸡最差。专家认为，冰鲜鸡营养高、味道鲜、有弹性可代替生鲜鸡。

（二）蛋的保鲜技术及包装技术

1. 蛋的保鲜技术

鸡蛋的保质期在2~5℃是40d，冬季室内常温下为15d，夏季室内常温下为 10d。鸡蛋超过保质期，其新鲜程度和营养成分都会受到一定的影响。如果存放时间过久，鸡蛋会因细菌侵入而发生变质，出现黏壳、散黄，甚至蛋壳表面有霉斑等现象。尤其是放养鸡养殖场规模小，产品零星分散，运输距离较远，鸡蛋从放养场到摆上超市货架，需要收集、储存、保鲜、形成批量运输的营销过程。因此，采取合理的保存方式，尽量保证鸡蛋新鲜显得十分重要。常用的蛋保鲜方法有冷藏保鲜法、浸泡保鲜法、涂膜保鲜法、气调保鲜法和埋藏保鲜法。

（1）冷藏保鲜法　利用适当的低温抑制微生物的繁殖生长，延缓蛋内容物的代谢，达到减少蛋重损耗、延长鸡蛋新鲜度的目的。鲜蛋入库前，库内应先消毒、通风，可用漂白粉喷雾消毒或甲醛、高锰酸钾熏蒸消毒。送入冷库的鸡蛋必须新鲜清洁，不洁净的蛋很难冷藏保鲜。鸡蛋要摆放整齐，大头朝上。入冷库前要在 2~5℃环境中预冷，使鸡蛋温度逐渐降低，防止蛋表面凝结水汽而给真菌生长创造条件。同样，出库时则应使鸡蛋逐渐升温，以防止鸡蛋表面凝结水珠。要想让冷藏鲜鸡蛋储存半年之后完好率仍然在 90%左右，其冷藏温度宜控制在 0~0. 7℃，相对湿度宜在 72%~76%。冷藏期间注意保持和检测库内温度、相对湿度，定期透视抽检，每月翻蛋 1 次，防止蛋黄黏附在蛋壳上，保存良好的鸡蛋可储存 10 个月。

（2）浸泡保鲜法　将鸡蛋浸泡在特殊液体内而达到保鲜的目的，主要有以下方法。

①将鲜蛋放入液状石蜡中浸泡 1~2min 取出，经 24h 晾干后置于坛内保存，经过 100d 后，保鲜率仍可达 100%。

②把 10 份蜂蜡、2 份酪素、1. 5 份白糖与 100 份水混合，然后将鲜蛋放入，浸几秒钟后捞出晾干，保存 6 个月，保鲜率达 96%以上。

③将无损伤的鲜蛋放入清洁池或缸内，倒入 2%~3%的石灰水（每 100mL 水中加入 2~3kg 生石灰，搅拌、静置后，取上清液），水面高出蛋面 20~25cm。储藏期间，夏季石灰水温度不超过 21~23℃，冬季以不结冰为宜。此法可使鸡蛋保鲜 3~4 个月。在夏季，池子或缸避免受太阳照晒，保证阴凉通风，还可将蛋放进约 5%石灰水中浸泡 30min，捞出晾干，也可保鲜 2~3 个月。

④把 1kg 水玻璃（硅酸钠的水溶液）溶于 9L 热水中，冷却后倒入盛有鸡蛋的缸里，液面高出蛋面 5cm 以上，用牛皮纸紧封缸口。置阴凉通风处，夏季可保鲜 2~3 个月。

⑤在含有 0. 08%活性钙的水溶液中放入鸡蛋，加热温度 50℃，加热 20min。经处理的鸡蛋，即使在 30℃下储藏 40d，代表新鲜程度的哈夫单位仍保留在 A 级水平，蛋清透明度、表面色泽、光亮度等感官指标均较好。

（3）涂膜保鲜法　利用涂膜剂涂布蛋壳表面，闭塞鸡蛋进行气体交换的气孔，可以防止微生物进入，减少蛋内水分蒸发，使蛋内二氧化碳逐渐积累，抑制酶活性，减弱生命衰减进程，达到保持鸡蛋新鲜度和降低干耗的目的。鸡蛋涂膜材料一般采用轻矿物油、动植物油脂及其复合材料。经浸渍、喷雾或加热融化后涂布在蛋壳表面。

（4）气调保鲜法 是指在低温储藏的基础上，通过人为降低环境气体中氧的含量，适当改变 CO_2 和 N_2 的组成比例，达到对鸡蛋保鲜储藏目的的一项技术。

将清洁的鲜鸡蛋密封于充满氮气的聚乙烯薄膜袋中，可隔绝氧气，抑制微生物繁殖和鸡蛋代谢，能保鲜鸡蛋 3 个月。把鲜蛋放在储存库内，四周密闭，充以 50%～60%的 CO_2 气体，能抑制蛋中放出 CO_2 气体，降低其呼吸作用，实现保鲜。

（5）埋藏保鲜法 是隔绝空气，减慢鸡蛋代谢，降低感染，达到保鲜鸡蛋的方法。常见有谷壳谷子埋藏法、松针铺垫法、植物保鲜法等。但是这种保鲜方法相对以上方法，保鲜能力稍差一些。

2. 蛋的包装技术

鸡蛋是不易包装、不易运输的物品，通过改进包装技术，可减少损失，提高效益。首先要选择好包装材料，包装材料力求坚固耐用，经济方便。可采用木箱、纸箱、塑料箱、蛋托和与之配套用的蛋箱。

（1）普通木箱和纸箱包装鲜蛋 箱体必须结实、清洁和干燥。包装所用的填充物，可用切短的麦秸、稻草或锯木屑、谷糠等，必须干燥、清洁、无异味。包装时先在箱底上铺一层厚 5～6cm 的填充物，箱子的四个角要稍厚些，然后放上一层蛋。蛋的长轴方向应当一致，排列整齐，不得横竖摆放。在蛋上再铺一层 2～3cm 的填充物，再放一层蛋。这样一层填充物、一层蛋直至将箱装满，最后一层应铺厚 5～6cm 的填充物后加盖。木箱盖应当用钉子钉牢固，纸箱则应将箱盖盖严，并用胶带包扎结实。最后注明品名、重量，并贴上“请勿倒置”“小心轻放”的标志。

（2）利用蛋托和蛋箱包装鲜蛋 蛋托是一种纸浆或塑料制成的专用蛋盘，将蛋放在其中，蛋的小头朝下，大头朝上，呈倒立状态，每蛋一格。蛋托可以重叠堆放而不致将蛋压破。蛋箱是蛋托配套使用的纸箱或塑料箱。利用此法包装鲜蛋能节省时间，便于计数，破损率小，塑料蛋托和蛋箱可以消毒后重复使用。

参考文献

[1] 黄炎坤．生态鸡实用技术［M］．郑州：河南科学技术出版社，2010.

[2] 张鹤平，陈敬谊，张庆桥．林地生态养鸡实用技术［M］．北京：化学工业出版社，2014.

[3] 郎跃深．土鸡（柴鸡）生态高效养殖与疾病防治［M］．北京：化学工业出版社，2017.

[4] 黄春元．最新家禽实用技术大全［M］．北京：中国农业科学技术出版社，1996.

[5] 朱国生，石传林．土鸡饲养技术指南［M］．北京：中国农业大学出版社，2010.

[6] 叶方．禽生产与禽病防治［M］．长沙：国防科技大学出版社，2013.

[7] 陈大君，杨军香．肉鸡标准化养殖主推技术［M］．北京：中国农业科学技术出版社，2013.

[8] 李志，杨军香．病死畜禽无害化处理主推技术［M］．北京：中国农业科学技术出版社，2013.

[9] 全国畜牧总站．肉鸡标准化养殖技术图册［M］．北京：中国农业科学技术出版社，2012.

[10] 全国畜牧总站．蛋鸡标准化养殖技术图册［M］．北京：中国农业科学技术出版社，2011.

[11] 李生涛．禽病防治［M］．北京：中国农业出版社，2011.

[12] 刘益平．果园林地生态养鸡技术［M］．北京：金盾出版社，2012.

[13] 贵州省农业农村厅．生态家禽高效养殖技术轻松学［M］．北京：中国农业出版社，2020.

[14] 王凤山．散养蛋鸡实用技术［M］．北京：中国农业科学技术出版社，2012.

[15] 杨柏萱，张予东．柴鸡规模化散养技术［M］．郑州：河南科学技术出版社，2012.

[16] 詹丽娥．养鸡防疫消毒实用技术［M］．北京：金盾出版社，2008.

常见生态鸡品种

一 常见蛋鸡品种

海兰褐蛋鸡

海兰灰蛋鸡

罗曼蛋鸡

农大3号

京红1号

京粉1号

二 常见肉鸡品种

“882”黄鸡

K9肉鸡

瑶山鸡

鲁禽3号麻鸡

崇仁麻鸡

来航鸡

三 地方鸡品种

仙居鸡

白耳黄鸡

汶上芦花鸡

固始鸡

东乡绿壳蛋鸡

萧山鸡

狼山鸡

金湖乌凤鸡

赤水竹乡鸡

黔东南小香鸡

乌蒙乌骨鸡

长顺绿壳鸡蛋

威宁鸡

普定高脚鸡

长顺绿壳蛋鸡

兴义矮脚鸡

四 观赏鸡品种

北京油鸡

丝羽乌骨鸡

西双版纳斗鸡

贵妃鸡

河南斗鸡

吐鲁番斗鸡